국가직무능력표준시리즈 66

사출금형제작
사출금형제작 설비관리

고용노동부 · 한국산업인력공단

차 례

능력단위 교재의 개요 ·· 3

단위명 1. 설비 매뉴얼 습득하기 ··· 6
   1-1. 설비의 유지관리 ··· 6
   1-2. 설비의 운전 및 가공 ··· 21
   1-3. 안전 수칙 ··· 40
      교수학습 방법 ··· 57
      평가 ··· 57

단위명 2. 정밀도 유지보수하기 ·· 62
   2-1. 정밀도 검사 ·· 62
   2-2. 가공 표준 ·· 82
   2-3. 정밀도 수준파악 ·· 97
      교수학습 방법 ··· 104
      평가 ··· 105

단위명 3. 설비점검 유지보수하기 ··· 108
   3-1. 설비 점검 ·· 108
   3-2. 설비 유지보수 ·· 127
   3-3. 기계의 윤활 ··· 138
      교수학습 방법 ··· 146
      평가 ··· 147

단위명 4. 설비소모품 관리하기 ·· 151
   4-1. 소모품 교체 ··· 151
   4-2. 소모품 관리 ··· 157
      교수학습 방법 ··· 167
      평가 ··· 167

학습 정리 ·· 171

종합 평가 ·· 173

참고자료 및 관련 사이트 ··· 179

(사출금형제작 설비관리) 교재 개요

능력단위 학습목표
- 사출금형제작 설비관리는 금형제작에 필요한 부품가공을 위해 설비 매뉴얼 습득, 정밀도를 유지, 설비 점검을 하고 유지보수 하는 능력이다.

선수학습
- 사출금형 도면해독
- 사출금형제작 공정간 검사

교육훈련내용 및 훈련시간

단원명	세부 단원명	교육훈련시간
1. 설비매뉴얼 습득하기	1-1. 설비의 유지관리 1-2. 설비의 운전 및 가공 1-3. 안전 수칙	
2. 정밀도 유지보수하기	2-1. 정밀도 검사 2-2. 가공 표준 2-3. 정밀도 수준파악	
3. 설비점검 유지보수하기	3-1. 설비 점검 3-2. 설비 유지보수 3-3. 기계의 윤활	
4. 설비소모품 관리하기.	4-1. 소모품 교체 4-2. 소모품 관리	

※ 상기 교육훈련시간은 NCS기반 훈련기준에서 제시된 능력단위 시수를 참고하여 교육훈련 및 산업체 현장전문가의 의견을 수렴하여 제시함.

사출금형제작 설비관리

색인 목록

드릴머신	8
선반	9
CNC선반	11
밀링머신	13
머시닝센터	14
연삭가공	16
방전가공	18
주축회전수	27
바이스	32
교정검사	62
표준화	82
정확정밀도	100
성능검사	100
KS(ISO)표준번호	102
점검기준서	111
백래시	129
윤활유	138
절삭유	142

(사출금형제작 설비관리) 교재 개요

능력단위의 위치

직능수준 \ 직능유형	사출금형설계	사출금형제작	사출금형품질관리	사출금형조립
8				
7	사출금형 설계업무관리	사출금형제작 공정설계	사출금형 생산관리	
6	시험사출 제품 분석	사출금형제작 일정관리	시제품평가	사출금형조립검사 사출금형수정
5	사출 제품도 분석 사출금형 원가계산 사출성형해석	사출금형제작 외주관리 사출금형 가공표준관리	사출금형 수정품질관리	사출금형 경면래핑 사출금형 시험성형
4	사출금형 조립도설계	사출금형 소재부품 수급관리 사출금형제작 설비관리 사출금형 부품가공 사출금형 표준화 관리	사출시험작업 사출금형 유지보수	사출금형 도면해독 사출금형 다듬질 사출금형 고정측조립 사출금형 가동측조립 사출금형 조립의 안전과 환경관리
3	사출금형 부품도설계 가공지원 도면작성	사출금형제작 도면해독 사출금형제작 공정간 검사	제품도 및 금형도 해독 사출성형 공정검토 사출성형 설비점검 사출금형 이관관리	사출금형 조립부품검토
2	3D부품모델링 사출근청 3D어셈블리모델링 사출금형 2D도면작성 사출금형		시제품 측정	

사출금형제작 설비관리

단원명 1 설비 매뉴얼 습득하기(15230201-14v2.1)

1-1 설비의 유지관리

교육훈련 목 표	• 설비를 가공할 수 있는 상태로 유지하고 기계의 매뉴얼을 습득하여 기능을 판단할 수 있다.

필요 지식

1 설비의 유지

사출금형 제작에 필요한 사용되는 설비의 원활한 운용을 위해서는 무엇보다 장비의 상태 점검이 중요하다. 정밀 부품가공 제작공정으로 생산된 부품들의 조립으로 제작된 사출금형은 사출품에 대한 높은 품질을 결정하는 데에 중요하다. 이러한 설비의 효율적인 관리를 위해서는 제조사의 장비별 매뉴얼을 습득하고 이를 바탕으로 장비를 올바르게 운용할 수 있다.

1. 설비의 종류

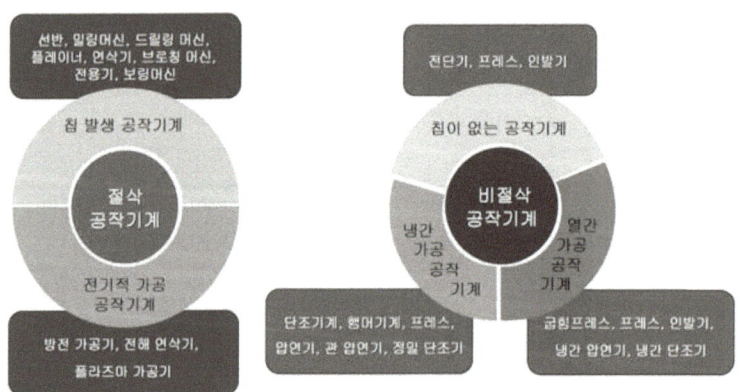

[그림 1-1-1] 공작기계의 분류

사출성형 금형제작과정에서 운용되어지고 있는 장비들을 살펴보면 아래의 표와 같이 분류할 수 있으며, 이는 대표적으로 사용되고 있는 장비들만 나열하였으니 참고하기 바란다.

단원명 1 설비 매뉴얼 습득하기

<표1-1-1> 사출금형 제작에 필요한 설비의 종류

가공 형식	장비명	사진	설명
구멍가공		드릴머신 / 래디얼 드릴머신	금형의 조립을 위한 각 부품의 구멍가공
원통		선반 / CNC선반	원통축 가공
평면가공		밀링머신 / CNC밀링머신 / 머시닝센터	평면 및 형상 가공
방전 가공		와이어방전가공기 / 형조방전가공기 / 세혈방전가공기	코어 및 캐비티 작업
표면연삭		평면연삭기 / 원통연삭기	숫돌에 의한 표면가공

사출금형제작 설비관리

2 사용 매뉴얼

설비에 따라 운용하는 방법이나 가공법이 틀리므로 제조사에서 제공하는 사용 매뉴얼을 충분히 숙지하여야하고 사용자의 숙련도에 의해 제품의 품질이 좌우된다.

1. 드릴머신

이 기계는 스핀들에 절삭공구인 드릴을 척에 고정하여 회전력을 이용하여 부품에 구멍을 뚫는 데 주로 사용되는 전용기계이며, 필요에 따라서는 탭을 사용한 나사작업도 가능하다.

 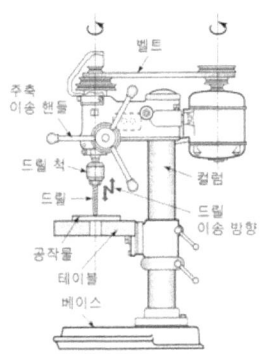

[그림1-1-2] 드릴머신과 구조

(1) 스핀들 축
드릴을 직접적으로 설치하여 회전을 시키는 부분으로 회전수의 변환은 벨트 풀리에 의해서 결정된다. 이 축에 드릴척을 연결하고 드릴을 고정하여 가공물에 구멍을 뚫는다.

(2) 컬럼
드릴머신의 주 기둥이며 테이블을 상하로 움직일 때 이 부분을 이용한다.

(3) 테이블
공작물을 바이스에 고정후 테이블에 올려 놓은 뒤 이송핸들을 통하여 드릴가공을 한다.
이 테이블은 회전이 가능하고 상하 이동이 가능하다. 드릴 작업중에는 움직임이 없도록 단단히 고정을 해야한다.

2. 원통가공

회전하는 주축에 공작물을 고정하고 바이트라는 절삭공구를 이용하여 원형가공을 하는 공작기계이다.

(1) 선반

[그림1-1-3]선반의 구조

선반(lathe)은 공작물에 회전 운동을 주고 절삭 공구가 전후 좌우로 직선 운동을 하여 원통형으로 절삭 가공하는 공작 기계이며, 공작기계 중에서 가장 역사가 오래되었으며 현재에도 많이 사용되는 대표적인 공작기계이다.

선반의 주요 구성 요소로는 베드, 주축대, 심압대, 왕복대, 피이드 기구 등 크게 5부분으로 이루어져 있다. 베드는 다리로 지지되고 그 위에 여러가지 주요부가 배치 된다.

가. 주축대

주축대는 선반에서 가장 중요한 부분으로, 공작물을 고정시켜 회전 운동을 부여하는 역할을 한다. 주축대의 종류에는 단차식과 기어식이 있으며, 주축은 주축의 변속장치(기어나 폴리) 외 왕복대에 이송을 전달하는 이송장치가 있다. 주축대에는 전동기의 동력을 받아 회전하는 주축(主軸 spindle), 주축의 나사부에 가공물을 고정하는 척(chuck) 또는 면판(面板 face plate)이 설치되어 있다. 가공물

[그림1-1-4] 주축회전수 변환과 기어박스내부

의 회전수가 되는 주축의 회전수는 변속 gear 장치에 의하여 조정한다. 변속장치로는 이 외에 단차(段車), back gear, 유압장치 및 무단변속장치 등이 있다.

주축의 회전수 변환은 기계가 완전히 멈춘 상태에서 이뤄져야 하며, 원동축과 종동축의 기어 잇수비에 의해 회전수가 결정된다. 기어박스 내부를 보게되면 평기어 구조로 되어 있으며, 기어끼리 잘 맞물려야만 원활한 회전을 할 수 있으므로 회전수 변환시 확실하게 위치결정을 해주어야 한다.

나. 왕복대 및 에이프런

왕복대에는 위의 그림과 같이 apron, saddle, 복식공구대(複式工具臺 compound rest) 및 공구대(工具臺 tool post) 등으로 되어 있으며, apron handwheel에 의하여 왕복대를 bed에 따라 이동시키고, cross-feed handle에 의하여 cross slide를 bed 안내면에 직각 방향으로 움직인다. 또 복식공구대 handle에 의하여 복식공구대를 운동시킨다. cross-feed handle과 복식공구대 handle에 각각 micrometer collar가 설치되어 있어 1/100 mm까지의 눈금을 읽을 수 있으며, 이 collar는 set screw를 늦추어 0의 위치를 임의로 맞출 수 있다. 자동이송 마찰 clutch는 세로방향과 가로방향의 자동이송 할 때 사용되며, 이송방향은 주축대에 있는 역전장치에 의하여 정한다. half-nut lever는 나사절삭시에 자동이송을 주기 위하여 half nut를 닫아 lead screw에 물리게 하여 왕복대가 bed에 따라 이동토록 하는 데 사용된다.

[그림1-1-5] 왕복대 및 에이프런

다. 심압대

주축의 반대쪽에 설치되어 있으며, 주로 공작물이 한쪽 끝을 지지할 때나 드릴링, 나사내기, 리머 등의 작업을 할 때 공구를 고정하거나 지지하는 역할을 한다.

spindle에 Morse taper를 갖는 center를 끼워 가공물의 지지에 사용되며 center 대신에 drill을 꽂아 drilling도 할 수 있다. 수평면 내에서 주축의 center와 심압대의 center가 동일 선상에 있지 않을 때에는 조임나사(clamp bolt-nut)를 풀

[그림1-1-6] 심압대

고 편심조정나사로 조정하고 조임나사를 다시 조인다. 공작물을 지지하기 위하여 조임나사를 풀고 심압대를 밀어 적당한 위치에서 조임나사를 조인 다음 spindle 고정 handle을 돌려 spindle의 조임을 푼 후 handwheel을 돌려 center가 가공물을 지지할 때까지 spindle을 밖으로 나오게 한 상태에서 spindle 고정 handle을 돌려 spindle을 고정한다.

라. 베드

베드는 주축대, 왕복대 및 심압대를 지지하는 주철주물로된 지지대이며, 왕복대가 bed 안내면위를 활동(滑動 sliding) 한다. bed를 seasoning으로 충분한 시간이 경과한 후에 기계가공 하여야 잔류응력에 의한 변형을 방지할 수 있다. 최근에는 550 ~ 600℃에서 응력제거를 위

[그림1-1-7] 선반의 베드와 종류

한 열처리로 seasoning을 대신하고 있다.

베드는 비틀림 작용과 굽힘 작용의 저항이 크므로 이것에 견딜 수 있도록 강성과 정밀도가 요구되며, 합금 주철, 미하나이트 주철, 구상 흑연주철이 사용되고 있다. 주철 베드는 주조 응력을 제거하고 경련 변화에 의한 변형이 나타나지 않도록 열처리를 잘 하여야 한다. 베드는 주로 40~50%의 강철파쇄를 넣어 만든 강인 주철로 제작하며 왕복대, 심압대의 이등에 안내가 된다.(강도 보강을 목적으로 리브(Rib)가 붙어 있다.) 종류에는 영식(평형)과 미식(산형)이 있으며, 영식베드는 안내면이 평면이고 수압면적이 커서 강력절삭을 요하는 대형선반이 쓰인다. 미식베드는 안내면이 산형이고 운동정밀도가 좋고 정밀가공에 적합하다.

(2) CNC 선반

선반과 마찬가지로 공작물이 주축에 고정되어 있는 척(Chuck)에 물려 회전을 하고 절삭공구는 자동공구 교환장치에 설치되어 순차적으로 가공에 필요한 공구를 교환하여 가공할 수 있는 공작기계이다.

[그림1-1-8] CNC선반의 주요구조 및 명칭

기계본체로는 범용선반의 구조와 유사하게 구성되어 있고 주축대(head stock), 척(chuck), 공구대, 심압대(tail stock), 베드(bed), 왕복대, 이송장치, 유압장치 등으로 구성되어 있다.

가. 주축대(head stock)

주축대는 스핀들 서보모터(spindle servo motor)의 회전을 벨트 및 변환 기어를 통해 스핀들(spindle) 선단에 있는 척(chuck)을 회전시키고, 척에 물린 공작물을 회전시킬 수 있는 시스템이다. 일반적으로 주축의 회전은 무단변속으로 회전수를 프로그램에 의해 지령하고, 변속장치가 없는 소형기계와 변속장치가 있는 중형 이상의 기계가 있다. 그리고 벨트 전동으로 슬립이 발생되는 문제를 해결하는 포지션 코더(position coder)가 설치되어 실제 공작물의 회전수를 검출한다.

[그림1-1-9] 주축대(head stock)

최근에 개발된 공작기계용 빌트인(built in) 모터는 스핀들과 모터가 결합된 형태로 정밀 고속 가공용 공작기계에 많이 적용되고 있다.

나. 척(chuck)

주축 선단에 부착되어 공작물을 척킹(chucking)하는 척은 유압으로 작동하는 유압척과 공기압력으로 작동하는 공압척 및 특수척이 사용된다. 척죠(chuck jaw)를 작동시키는 실린더는 로터리 실린더를 사용하여 공작물 회전중에도 공작물 물림압력이 저하되지 않는다. 공작물의 형상이나 재질에 따라 척의 압력을 조절하여 공작물이 변형되지 않고 이탈하는 것을 방지할 수 있고, 척죠의 종류로는 열처리된 하드죠(hard jaw)와 공작물의 형상에 따라 가공하여 사용할 수 있는 소프트죠(soft jaw)가 있다.

[그림1-1-10] 척(Chuck)

다. 공구대

범용선반에 사용되는 공구대(tool post)와 같이 공구를 장착하는 기계장치로서 회전 공구대(turret)와 갱(gang)타입 공구대가 있다. 회전 공구대는 회전 드럼에 각종 공구를 장착하여 프로그램에 의해 선택하여 사용한다. 일반적으로 사용되는 회전 드럼의 분할 수는 4~12개이고, 매회 공구선택의 위치 정밀도는 회전 공구대 내부의 큐빅 커플링(cubic coupling)에 의해 정밀한 위치를 결정을 하게 구성되어 있고, 회전드럼의 회전력은 유압 또는 전기모터로 회전시킨다.

[그림1-1-11] 공구대

갱타입 공구대는 회전 공구대가 없이 테이블 위에 나열식으로 공구를 설치하여 고정시킨 방식으로 공구선택 회전시간을 줄일 수 있어 공정수 가 적은 소형제품의 대량생산에 적합하여 소형 CNC 선반에서 많이 적용되고 있다. 하지만 공작물과 공구의 간섭 때문에 공구를 많이 설치할 수 없고, X축의 이동량이 많아 X축의 정밀도 저하가 발생된다.

라. 심압대(tail stock)

심압대(tail stock)의 사용은 가늘고 긴 공작물이나 척에 고정된 상태가 불안한 축(shaft) 종류의 공작물을 가공할 때 휨 현상이나 떨림 및 이탈되는 것을 방지하기 위하여 공작물 원주 중심을 지지하는 장치이다.

심압대 스핀들에 회전센타(live center)를 끼워 공작물을 지지한다. 범용선반과 달리 유압이나 공기압을 사용하여 공작물을 지지하기 때문에 드릴과 같은 공구를 끼워 사용할 수 없다.

단원명 1 설비 매뉴얼 습득하기

마. 조작판

조작판은 기계를 조작할 수 있는 모든 스위치가 집결되어 있는 곳이다. CNC 시스템을 조작할 수 있는 DKU(display kebdard unit) 및 모드 스위치, 기타 조작과 연관 스위치가 있다.

조작판은 같은 콘트롤러(controller)를 사용해도 공작기계 메이커에 따라 스위치(switch) 모양과 종류, 조작방법 등은 다르다.

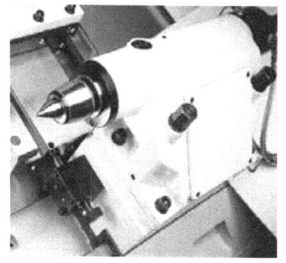

[그림1-1-12] 심압대(tail stock)

3. 평면가공

이 가공은 절삭공구가 회전을 하고 공작물은 테이블에 고정시켜 3축 이송을 이용하여 평면 위주로 가공하고 머시닝센터는 밀링머신에 공구를 자동으로 탈부착하는 자동공구교환장치(ATC ; Automatic Tools Changer) 기능을 탑재하여 여러 공구를 순차적으로 자동 교환하여 가공을 하는 기계이고, CAM과 NC코드 지령에 의해 가공이 이루어지는 가공기 이다.

(1) 밀링머신

밀링(Milling)머신은 회전하는 절삭공구에 3축이동이 가능한 테이블 이송으로 원주 위에 절삭날이 등간격으로 배치되어 있는 밀링커터를 회전시켜 가공물이 고정된 테이블을 이송하면서 평면가공을 주로하는 공작기계이다. 각종 기계부품을 정밀하게 가공할 수 있게 되었다. 또한 밀링머신은 대단히 사용 범위가 넓은 공작기계이며, 평면 및 윤곽 표면을 정확히 가공할 수 있다. 밀링 머신에서는 평면은 물론 불규칙하고 복잡한 면도 절삭할 수 있으며, 드릴(drill)의 홈이나 기어(gear)의 치형 절삭 및 커터나 부속 장치의 사용 방법에 따라 광범위한 가공을 할 수 있다. 밀링커터를 상치하여 회전운동을 하는 주축(主軸)과 가공물을 장치하여 이송하는 테이블이 있으며, 그 구조에 따라 니형(무릎형) · 베드형으로 분류한다.

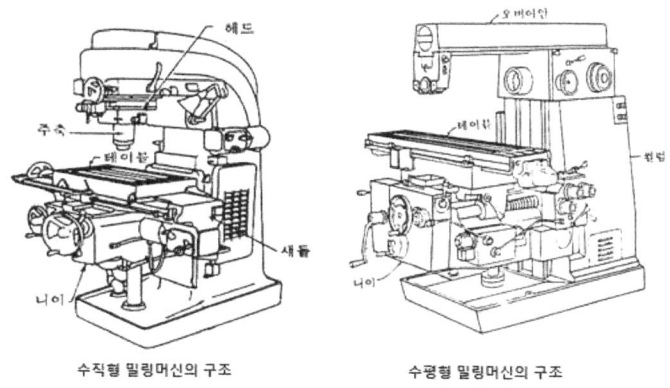

[그림1-1-13] 밀링의 구조

사출금형제작 설비관리

<표 1-0> 밀링의 주요 구조 설명

명칭	기능
칼럼	밀링 머신의 본체로서 앞면은 미끄럼면으로 되어 있으며, 아래는 베이스를 포함하고 있다. 미끄럼면은 니를 상하로 이동할 수 있도록 되어 있으며, 베이스와 니 사이에 잭 스크루를 지지하고 있어 니의 상하이송이 가능하도록 되어 있다.
오버 암	칼럼의 상부에 설치되어 있는 것으로 플레인 밀링 커터용 아버를 아버 서포터가 지지하고 있다. 아버 서포터는 임의의 위치에 체결하도록 되어 있다.
니	니는 칼럼에 연결되어 있으며 위에는 테이블을 지지하고 있다. 또한 니는 테이블의 좌우, 전후, 상하를 조정하는 복잡한 기구가 포함되어 있다.
새들	새들은 테이블을 지지하며, 니의 상부 미끄럼면 위에 얹혀 있어 그 위를 앞뒤 방향으로 미끄럼 이동하는 것으로서 윤활장치와 테이블의 어미나사 구동기구를 속에 두고 있다.
테이블	공작물을 직접 고정하는 부분이며, 새들 상부의 안내면에 장치되어 수평면을 좌우로 이동한다.

(2) 머시닝센터

이 기계는 밀링머신에 공구를 자동으로 탈부착하는 자동공구교환장치 (ATC ; Automatic Tools Changer) 기능을 탑재하여 여러 공구를 순차적으로 자동 교환하여 가공을 하는 기계이고, CAM과 NC코드 지령에 의해 가공이 이루어지는 가공기이다.

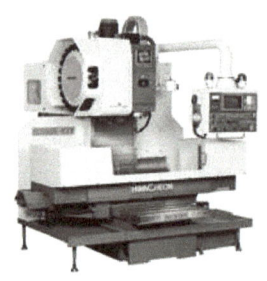
수직형

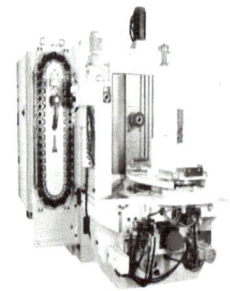
수평형

[그림1-1-14] 머시닝 센터

가. 자동공구 교환장치(ATC : Automatic Tool Changer)
　머시닝센터에서는 ATC에 의해 공구 매거진에서 공구를 명령에 의해 공구가 자동으로 교환하는 방식으로 다수의 공구를 가공 공정에 맞게 자동으로 교환해 주는 장치를 사용한다.

[그림1-1-15] ATC

나. 공구매거진(Tool Magazine)
포트 번호 또는 공구번호의 지령에 의해 공구를 주축에 장착하는 방식으로 사용횟수가 높은 공구를 항상 같은 번호로 매거진에 넣어두고 사용하고 한 개의 공구를 한 작업에서 여러 번 선택하여 사용할 경우에는 공구를 순서대로 배열할 필요가 없기 때문에 프로그램이 간단해지고 사용이 편리하다.

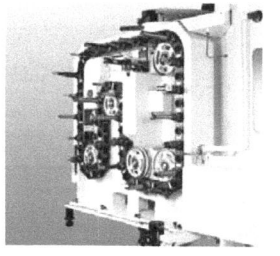

[그림1-1-16] 공구매거진

다. 자동 팔레트 교환장치(APC : Automatic Pallet Changer)

 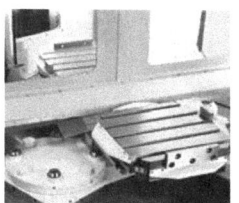

[그림1-1-17] 자동 팔레트 교환장치

자동 팔레트 교환장치는 여러 개의 부품을 각각의 독립된 바이스에 설치하여 프로그램에 의한 가공 공정이 이뤄지는데, 별도의 세팅을 할 필요가 없어서 상당히 효율적인 생산이 가능한 장치이다.

라. 스핀들(Spindle)
절삭 공구의 회전 축을 말한다.

마. 서보기구(servo system)
서보기구는 사람의 손과 발에 해당되는 부분으로 두뇌에 해당하는 정보처리회로 부터의 지령에 따라 NC 공작기계의 테이블 등을 움직이는 역할을 한다.

[그림1-1-18] 스핀들

바. 조작판
기계 운용에 사용되는 각종 key 및 버튼이 부착되어 사용자가 기계를 제어할 때 사용된다.

사. 베드
가공할 공작물을 올려놓는 부분으로 테이블이라고도 한다. 이 테이블 위에 바이스를 설치하여 그 바이스에 의해 공작물이 고정된다.

사출금형제작 설비관리

4. 연삭 가공

 연삭은 회전하는 연삭숫돌에 의해 가공하고자 하는 공작물의 표면을 가공하는 것으로 정밀도가 상당히 높으며 주로 평면과 원통(내외경) 연삭을 한다.

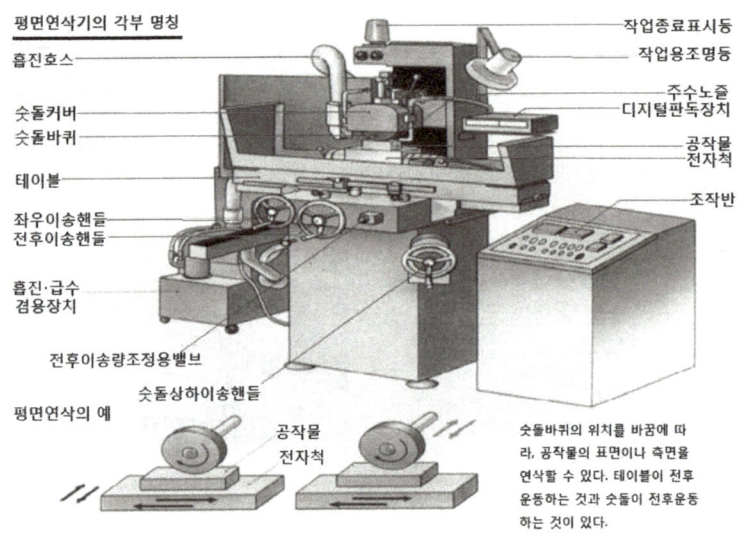

[그림1-1-19] 평면연삭기 각부 명칭

가. 스핀들
 스핀들은 연삭 숫돌을 회전시키는 부분으로 충격에 약하고, 연삭기 특성상 스핀들에 충격을 가하지 않도록 해야 한다.

나. 안전 덮개
 연삭작업을 행하면서 연삭숫돌 입자의 비산과 가공물 가공물의 파편에 의한 사고를 미연에 방지 하기위해 안전덮개를 설치한다.

[그림1-1-20] 스핀들과 안전 덮개

다. 마그네틱 척
 평면부분의 모든부분을 연삭을 해야 하기 때문에 밀링이나 머시닝센터에서와 같이 공작물을 클램프나 바이스에 의한 고정이 어렵기 때문에 자력을 이용한 공작물을 고정한다.

<표1-1-3> 마그네틱 척의 분류와 특징

전자척	• 가공물의 탈착이 스위치 조작만으로 간단하게 제어 • 공작기계와 같이 움직이므로 자동화가 용이 • 흡착력의 강약을 전기적으로 제어 가능 • 척의 대형화가 가능
전기 영구자석척	• 가공물의 탈착을 스위치로 조작 가능 • 전기는 탈착시에만 순간적으로 사용하는 초절전형 타입 • 온도 상승에 따른 경시변화가 없어 고정밀도를 추구 • 흡착 중에 전원의 고장이나 정전이 발생해도 자력유지
영구자석척	• 전원을 필요하지 않기 때문에 유동비용이 없고, 정전 등에 의한 불안도 없으며 흡착상태를 장시간 유지 가능 • 전력을 사용하지 않기 때문에 발열이 없고, 온도상승에 의한 경시변화 없음 • 소형이라도 강력한 자력효과

흡착력은 가공물의 면적과 두께, 재질 그리고 표면정도에 따라 크게 달라진다.

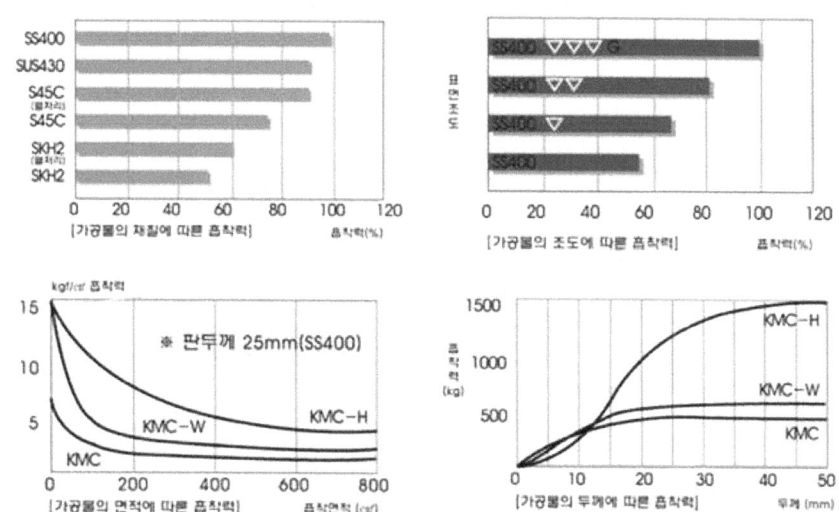

[그림1-1-21] 가공물의 조건에 따른 흡착력의 차이

사출금형제작 설비관리

5. 방전가공

방전가공기의 구조는 본체와 가공액 공급장치로 구성되며 기계 본체는 전극 이송기구(서보기구)와 컬럼, 베드 및 테이블, 가공탱크로 구성된다. 가공탱크 내에는 공작물을 고정하는 작업대가 있으며 가공액은 가공액 공급 장치로부터 채우도록 되어 있다.

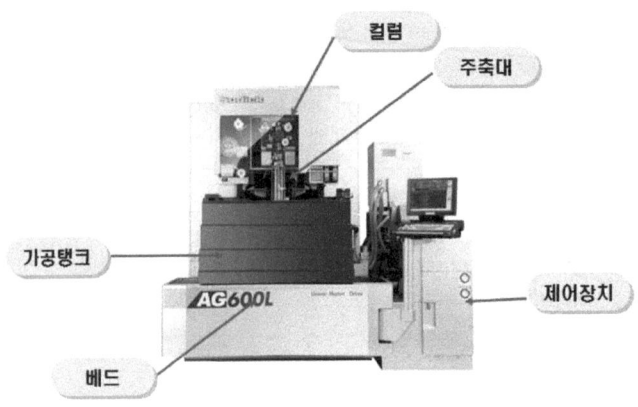

[그림1-1-27] 와이어방전가공기 구조

가. 주축대(Ram head)

주축대는 Z축으로 상하 이송하며, DC서보모터로 가공깊이를 제어한다.

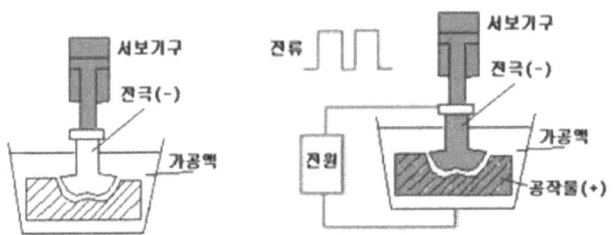

[그림1-1-28] 서보기구로 가공깊이 제어

나. 컬럼(Column)

주축대 및 주축 구동계를 지지하고 전면에 주축대 안내부가 설치되어 있다. 기계전체를 지지하는 베이스 부분으로 중앙부는 테이블과 새들, 후부는 칼럼에 고정되어 있다.

다. 가공탱크(Work tank)

가공액을 담아 그 속에서 가공할 수 잇도록 만든 구조이며, 가공액은 분류와 흡인을 선택할 수 있는 장치로 구성되어 있다.

라. 자동전극 교환장치(ATC : Tutomatic tool changer)
방전가공기에는 전극 매거진(magazine)에 장착해서 프로그램의 지령에 의해 자동으로 교체 사용이 가능하도록 되어 있다.

마. CNC 전원공급장치와 제어장치
컴퓨터 제어에 의해 방전 가공의 모든 부분을 제어하고 조정한다. 방전가공에 알맞은 전류 및 전압을 발생시키는 장치로, 방전시간, 전류의 크기, 가공조건 등의 조정이 가능하다. 제어장치는 컴퓨터 제어에 의해 방전가공기의 모든 부분을 제어하며, 정보의 기억, 편집 및 도형의 축소, 회전 등을 자유롭게 할 수 있다. 또한 전극을 자동으로 교환할 수 있는 자동공구교환장치를 부착하여 다양한 가공을 동시에 행할 수 있다.
전극과 가공물은 다같이 소모되므로 간극을 일정하게 유지하기 위해 정밀하게 제어할 수 있는 전극 이송기구가 필요하며, 서보기구에 의해 4축(X, Y, Z, C)을 동시에 제어할 수도 있다.

사출금형제작 설비관리

관련 자료

- 매뉴얼(각 설비 제조사별 기계사용 설명서, 유공압 회로, 전기회로도, 유지보수 설명서 포함)
- 설비 제작업체 및 서비스 연락처

단원명 1 설비 매뉴얼 습득하기

1-2 설비의 운전 및 가공

교육훈련 목　　표	• 설비의 구조를 이해하고 가공 프로그램, 운전, 가공으로 구분하여 기능을 활용할 수 있다.

필요 지식

① 설비의 운전 및 가공

 기계(설비)의 구조를 이해하고 금형제작에 운용되는 다양한 장비들의 운전 및 가공방법을 알아본다.

1. 구멍가공

(1) 드릴머신

가. 드릴의 장착

드릴 가공을 하기위해서는 드릴척에 드릴을 고정시켜서 사용해야 한다. 드릴을 고정할 때에는 드릴의 자루부를 고정하는데 자루부가 돌출되어 드릴이 길게되면 회전하는 동안 떨림이 발생되어 정밀한 가공을 할 수 없다. 드릴 설치 후, 회전을 시켜서 떨림이 있는지 확인 후 가공을 한다. 드릴 가공 구멍은 절삭날의 형상 및 절삭과 관련된 여러가지 변수로 인해 직경 오차나 위치오차, 그리고 형상 오차가 발생하기 쉬우며 이러한 오차들은 리밍이나 보링 같은 후가공 공정의 정밀도에 영향을 미치게

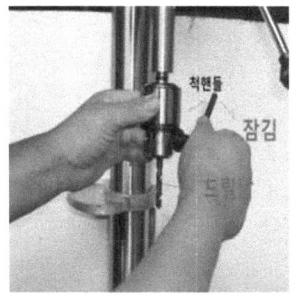

[그림1-2-1] 드릴의 장착

된다. 따라서 드릴 가공 구멍의 오차는 생산품의 최종 정밀도를 결정하는 중요한 요소가 된다.

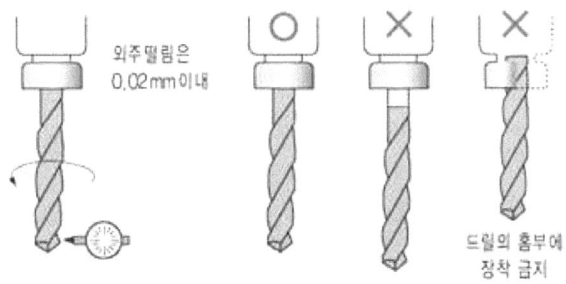

[그림1-2-2] 올바른 드릴장착

사출금형제작 설비관리

나. 절삭유 급유

드릴 가공시 높은 절삭열로 인하여 제품의 변형 및 드릴의 마모가 발생 될 수 있는데, 절삭유를 뿌려줌으로써 제품과 드릴의 절삭열을 냉각 시켜 고정도의 가공을 할 수 있다.

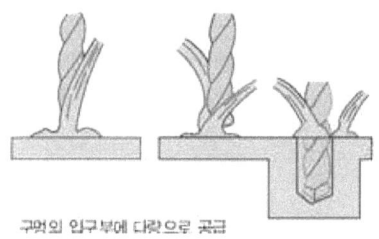

[그림1-2-3] 절삭유 급유

다. 가공물의 클램핑 방법

구멍을 뚫고자 하는 제품 및 부품의 고정(클램핑)작업은 무엇 보다도 중요하다. 회전체의 공구에 의해 가공물이 회전할 수 있고, 구멍의 정밀도 문제가 있기 때문에 확실한 고정을 필요로 한다.

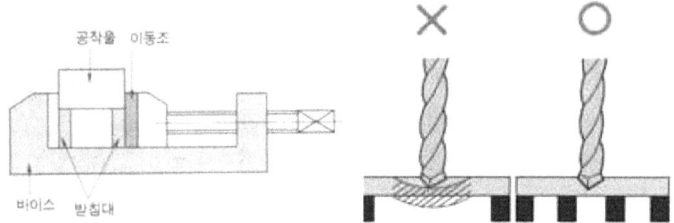

[그림1-2-4] 가공물의 올바른 고정방법

라. 구멍 뚫기

드릴머신에서 구멍을 뚫을 수 있는 크기는 최대 직경 13mm정도까지 가공이 가능하다. 이는 드릴을 고정시켜주는 드릴척의 사이즈를 감안한 것이고, 그 이상의 드릴의 직경을 요구할 때에는 절삭력이 증가하기 때문에 탁상용 드릴머신에서 작업하기에는 위험할 수 있다. 가급적이면 래디얼 드릴머신 또는 밀링머신을 활용해야 한다.

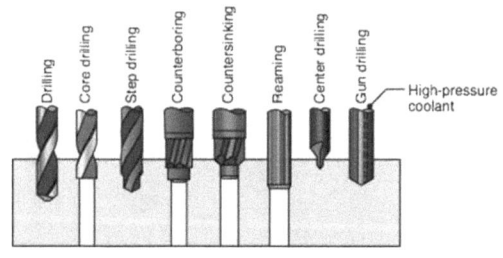

[그림1-2-5] 구멍가공의 종류

마. 구멍 가공하기

드릴 작업 순서는 아래와 같이 실행한다.

① 드릴링 머신 에 드릴을 고정하고 주축 회전수를 조정한다.
② 주축을 회전시켜 드릴이 떨림이 없이 정확히 고정되었는지 확인한다.
③ 드릴링 머신 테이블을 깨끗이 닦고, 바이스를 테이블 위에 올려놓는다.
④ 그림과 같이 공작물을 바이스에 고정한다.
※ 이때, 공작물이 바이스 밑면에 평행이 되도록 받침대를 조의 측면에 밀착시켜 놓는다.

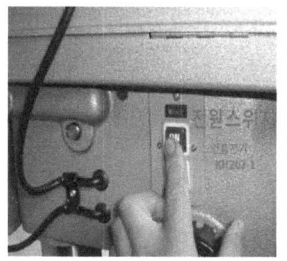

[그림1-2-6] 전원스위치 작동

⑤ 테이블의 상하 이송 핸들을 돌려 드릴의 날끝 부분과 공작물 사이의 간격을 30~50mm로 조절한다.
⑥ 고정 레버로 테이블을 고정한다.
⑦ 바이스를 이동하여 드릴의 중심과 공작물의 센터 펀치 중심이 일치되도록 한다.
⑧ 왼손은 바이스를 지지한다.
⑨ 오른손으로 주축의 상하 이송 핸들을 내려 구멍을 뚫는다.

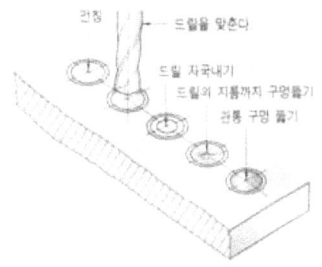

[그림1-2-7] 드릴 구멍 뚫기 순서

⑩ 그림과 같이 드릴로 조금만 뚫어 드릴 자국을 내고 중심을 확인한다.
⑪ 정확한 위치에 자리 표시가 되었으면 계속하여 뚫는다.
※ 이때, 처음에는 균일하게 힘을 주어 절삭하고 관통되기 직전에는 절삭 압력을 작게 주면서 가볍게 뚫는다
⑫ 때때로 주축을 들어 올려 절삭 칩을 배출한다.
⑬ 절삭유를 공급하여 마찰열을 방지한다.
⑭ 같은 방법으로 도면에 표시된 드릴 구멍을 뚫는다.
※ ϕ10mm이상의 큰 구멍을 뚫을 때에는 우측 그림과 같이 작은 드릴로 기초 구멍을 뚫어 절삭 압력을 줄인 다음에 큰 드릴로 뚫는다.

2. 원통가공

(1) 선반

가. 바이트의 설치

선반 작업에서 바이트를 공구대에 정확히 고정하는 것이 바이트의 수명과 밀접한 관계가 있으며, 가공 면, 거칠기 및 치수 정밀도 향상에 매우 중요하다.

바이트 날 끝의 높이는 공작물의 중심과 일치시켜 고정해야 한다. 바이트 날 끝의 공작물의 중심보다 낮게 설치하면 공작물에 파고 들어가 바이트 날 끝이 빨리 마멸되고 가공면이 거칠어 질 수 있다. 반대로, 바이트 날 끝을 공작물 중심보다 높게 설치하면 바이트의 앞면 여유각이 감소하여 바이트의 앞면 절삭날 아래면과 공작물 가공면이 서로 접촉 마찰하므로 앞면 절삭날이 쉽게 파손된다. 바이트의 높이는 심압대의 회전센터 중심과 맞추게 되면 거의 일치한다.

[그림1-2-8] 바이트의 설치

바이트의 선단이 공작물의 중심선에 오도록 하는 것이 이상적이다. 지름이 큰 공작물의 막깎기에서는 중심선으로부터 중심각 5정도 높게 설치할 수도 있으나, 지름이 작을 때 바이트 선단을 중신선보다 낮게 위치시키면 공작물이 바이트 위로 올라와 정상적인 가공을 할 수 없다. 바이트 홀더가 너무 길게 나오면 홀더가 굽혀져 선단의 위치가 변한다.

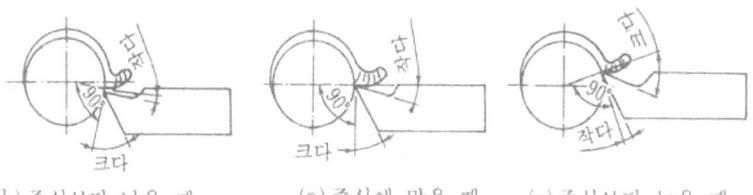

(b) 중심보다 낮을 때   (a) 중심에 맞을 때   (c) 중심보다 높을 때

[그림1-2-9] 바이트의 설치높이

나. 바이트의 고정 방법

공구대에 바이트를 고정할 때에는 바이트의 받침쇠를 1개만 싸서 바이트 날끝의 높이를 맞추어야 한다. 받침쇠를 2개 이상 겹쳐서 사용하면 절삭 중에 바이트 떨림 현상을 일으키게 된다. 바이트는 공작물의 중심선과 수직이 되도록 고정해야 한다. 바이트의 돌출 거리는 작업에 지장이 없는 범위 내에서 될 수 있는 대로 짧게 하며, 바이트 자루는 수평으로 바이트의 받침쇠가 자루면 전체와 접촉하도록 설치해야 한다.

[그림1-2-10] 바이트의 고정

다. 공작물 설치

가공하기 위한 공작물의 설치는 주축에 연결되어 있는 척(Chuck)에 고정을 해 주어야 한다.

[그림1-2-11] 단동척(좌)과 연동척(우)

단동 척(independent chuk)은 조마다 별개로 조 스크루를 끼워 4개의 조가 각각 단독으로 움직일 수 있는 척이다. 이것은 불규칙한 단면 모양의 공작물을 고정하는 데 편리하며, 척 표면에 가공된 동심원은 둥근 공작물의 중심을 대략 맞추는 데 쓰인다. 이 척은 공작물의 중심을 정확히 맞추어 고정하는 데 필요하므로 원통깎기 연습을 많이 해야 한다.

연동척(universl chuck)은 보통 조가 3개로 되어 있으며, 조가 동시에 방사상으로 움직이므로 원형 또는 육각 단면의 공작물을 고정하는 데 편리하다. 그러나 스크롤(scroll)과 조가 마멸되면 척의 정밀도가 떨어지고 고정력이 단동 척 보다 약하다. 스크롤은 소용돌이 모양의 사각 홈으로 되어 있다.

공작물의 설치는 다음 순서에 의해서 작업을 수행 한다.
① 공작물의 설치는 반드시 전원을 끄고, 바이트를 안전한 위치로 옮긴 다음에 한다.
② 척의 조를 죌 때에는 한 곳이라도 빠진 곳이 없는지 확인한 후 작업한다.
③ 다이얼 게이지 사용과 설지 방법을 올바르게 알고 공작물의 중심을 맞춘다.
④ 공작물을 척에 고정할 때에는 충분히 끼워 넣는다.
⑤ 길이가 긴 공작물은 방진구 및 센터를 설치하여 가공 중에 진동이 생기지 않도록 한다.
⑥ 편심이 심한 공작물의 경우는 균형추를 설치하여 진동이 생기지 않도록 한다.
⑦ 바이트는 가급적 짧고 단단히 고정시킨다.

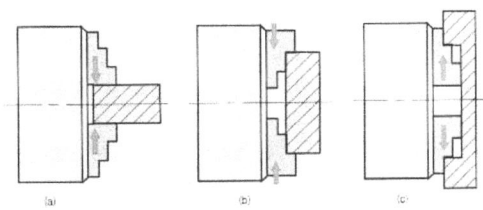

[그림1-2-12] 공작물 고정방법

사출금형제작 설비관리

척에 공작물을 고정시킬 때 조를 사용하는 방법에는 다음과 같이 세 가지가 있다. 공작물의 지름이 척의 크기에 비하여 작은 것을 고정할 경우에는 ⓐ와 같이 고정한다.

공작물 지름이 크고 길이가 비교적 짧은 것을 고정할 때에는 ⓑ와 같이 고정한다. 구멍이 뚫린 공작물을 고정할 때에는 ⓒ와 같이 고정한다.

<표1-2-1> 공작물 고정방법

척 작업	상세 설명
공작물 고정준비	▶ 척을 헝겊으로 깨끗이 닦는다. ▶ 주축대의 변속 기어 레버를 중립에 놓는다. ▶ 공작물의 바깥 지름을 측정하여 바깥지름 치수보다 조금 크고 척 판의 동심원에 맞게 4개의 척 조를 풀어놓는다.
공작물 고정하기	▶ 왼손으로 척 핸들을 잡고 오른손으로 공작물을 잡아 척 속에 30mm 정도 척 속에 끼워 넣는다. ▶ 척 앞면의 동심원을 기준으로 삼아 공작물 지름을 보고 상부의 1번 조(Jaw)를 죈다. ▶ 오른손으로 공작물이 떨어지지 않게 받쳐 들고 척을 180회전시켜 같은 방법으로 3번 조를 가볍게 죄어 준다. ▶ 1번,3번과 같은 방법으로 2번과 4번 조를 죄어 준다. 이 때, 조와 공작물이 수평을 유지하도록 공작물을 가볍게 흔들어서 자리를 잡도록 한다.
공작물 중심잡기	▶ 다이알 게이지를 공작물에 표면에 접촉하지 않고 살짝 띄워 공작물과의 틈새가 일정하도록 척 핸들을 사용하여 중심을 맞춘다. ▶ 다이얼 게이지를 사용하여 공작물의 중심을 정확히 맞춘다. 공작물의 중심 편위량은 다이얼 게이지 눈금판에 2배수가 나타나 맞춘다. 공작물의 중심 편위량은 다이얼 게이지 눈금판에 2배수가 나타나므로 주의하여야 한다. ▶ 다이얼 게이지를 접근시켜 척을 돌려 보아 닿는 부위는 주축의 중심선보다 올라온 것 이므로, 낮은 쪽 조를 풀고 높은 쪽 조는 죄어 중심을 맞춘다. ▶ 1번 조와 3번 조에서 다이얼 게이지로 중심을 맞춘 후 2번과 4번 조를 번갈아 조정하여 중심을 맞춘다. ▶ 위와 같은 방법으로 조금씩 조를 풀거나 죄어서 중심을 맞춘 후 4개의 조를 고르게 완전히 죄어 준다.
공작물 풀기	▶ 백 기어 레버를 중립에 놓는다. ▶ 한 개의 조를 조금만 푼다. ▶ 척을 90회전시켜 다음 조를 푼다. ▶ 한손으로 공작물을 잡고 다른 한손으로는 조를 풀어 준 후에 척에서 공작물을 분리한다.

단원명 1 설비 매뉴얼 습득하기

라. 수축회전수

주축회전수는 가공 속도에 비례, 공작물 직경에 반비례 한다. 일반적인 가공에서는 주축의 회전수를 일정하게 설정하고, 가공을 하기때문에 공작물의 직경에 따라 가공속도를 조정을 게게된다. 가공을 하게되면 직경이 작아지게 되는데 공작물의 직경이 작아질수록 절삭이송속도를 낮춰야 한다는 것을 위의 식에서 알아 볼 수가 있다.

$$n = \frac{1000 \times vc}{\pi \times D} \qquad vc = \frac{\pi \times D \times n}{1000}$$

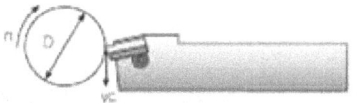

n : 주축 분당회전수(rpm)
Vc : 절삭속도(m/min)
D : 공작물 직경(mm)

주축의 회전수 변환은 기계가 완전히 멈춘 상태에서 이뤄져야 하며, 원동축과 종동축의 기어 잇수비에 의해 회전수가 결정된다.

[그림1-2-13] 주축회전수 변환과 기어박스내부

기어박스 내부를 보게되면 평기어 구조로 되어 있으며, 기어끼리 잘 맞물려야만 원활한 회전을 할 수 있으므로 회전수 변환시 확실하게 위치결정을 해주어야 한다.

마. 가공하기

① 조작은 주축 회전이 완전히 정지한 후에 실시한다.
② 손이나 공구를 사용하여 척의 회전을 멈추게 하지 않는다.
③ 치수의 측정은 반드시 기계가 정지한 다음에 실시한다.
④ 칩의 제거는 손으로 하지 않고 반드시 칩 제거용 공구를 사용한다.
⑤ 회전하고 있는 주축이나 공작물에 손 또는 머리, 걸레를 대거나 가까이 해서는 안 된다.

사출금형제작 설비관리

⑥ 기계는 한사람이 조작하며, 조작법을 완전하게 익힌 다음 기계를 다룬다.
⑦ 다른 사람이 작업하는 기계는 절대로 만지지 않는다.
⑧ 센터 구멍을 뚫을 때에는 주축 회전수를 빠르게 한다. 느리면 절삭 저항이 커져 센터 드릴이 부러지기 쉽다.
⑨ 공작물의 내경에 손가락을 넣지 않는다.
⑩ 내경을 측정할 경우 반드시 기계를 정지시킨 후 왕복대를 심압대 쪽으로 이동시켜 내경바이트에 의해 다치지 않도록 한다.

(2) CNC 선반

선반과 마찬가지로 공작물이 주축에 고정되어 있는 척(Chuck)에 물려 회전을 하고 절삭공구는 자동공구 교환장치에 설치되어 순차적으로 가공에 필요한 공구를 교환하여 가공할 수 있는 공작기계이다.

가. 가공준비

<표1-2-2> 가공준비단계

작 업	화면구성	상세 설명
작업준비		① 전원을 공급한다. ② 비상전원스위치를 해제한다. ▶ 수동 기계 원점 복귀를 한다. ③ 공작물을 고정한 후에 핸들(MPG) 모드에서 동심도 확인을 위하여 정회전 시켜본다(공작물 고정 시 조작판에서 Chuck Key를 사용하여 바깥지름 고정 방향 부분으로 돌린다.).
기준 공구선택		▶ 프로그램에서 처음 사용되는 공구, 즉 바깥지름 거친 절삭 바이트를 기준공구로 많이 사용한다. 기준 공구 선택 방법은 다음 중 편리한 방법을 활용한다. ① MDI 모드 선택 후에 프로그램 버튼을 누르고 기준 공구 번호를 입력 후 ② Cycle Start 버튼을 누른다. ③ 핸들(MPG) 모드에서 Turret(공구 선택 기능) 버튼을 이용하여 기준 공구를 선택한다.
단면가공		① MDI 모드나 핸들(MPG) 모드 중에서 편리한 방법을 선택하여 공작물을 적정 정회전 시킨다. ▶ 핸들(MPG) 모드 선택 후에 축 선택을 X축으로 하고 단면 가공을 한다. ▶ 단면 가공 후에 Z축으로 공구를 이동하지 말고 X축으로 후퇴시킨다. ▶ 위치(position) 표시 기능의 상대(relative) 위치 화면에서 W를 선택한 후에 Enter 버튼을 누르고 W0을 설정한다.
바깥지름 가공 및 측정		▶ MDI 모드나 핸들(MPG) 모드 중에서 편리한 방법을 선택하여 공작물을 적정 rpm으로 정회전 시킨다. ▶ 핸들(MPG) 모드 선택 후에 축 선택을 X축으로 하고 단면 가공을 ③ 주축을 정지시킨다. ▶ 안전을 고려하여 Edit 모드를 선택한 후에 바깥지름을 정확하게 측정한다한다. ▶ 단면 가공 후에 Z축으로 공구를 이동하지 말고 X축으로 후퇴시킨다. ▶ 위치(position) 표시 기능의 상대(relative) 위치 화면에서 W를 선택한 후 에 Enter 버튼을 누르고 W0을 설정한다.

좌표계 설정	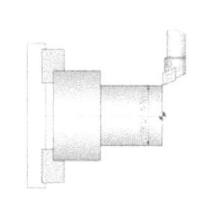	▶ 공구를 핸들 모드에서 좌표계 설정점(X 측정값 Z0)으로 정확하게 이동시킨다. Z축만 이동하면 되므로 상대 좌표 W0을 기준한다. ▶ MDI 모드를 선택한 후 프로그램 버튼을 누른다. ▶ MDI 화면에 다음과 같이 좌표값을 입력한 후에 Cycle Start 버튼을 누른다.

나. 조작판의 각종 기능

조작판의 기능은 동일한 컨트롤러를 사용하여도, 제작 회사에 따라 스위치의 모양과 종류, 조작 방법 등은 다소 차이가 있지만, 한 가지의 모델만 정확히 익히면 다른 제작 회사의 기계를 접하여도 쉽게 조작할 수 있다.

<표1-2-3> 조작반의 기능 설명

	테이프(TAPE)	테이프 자동 운전 및 DNC 운전을 한다.
	편집(EDIT)	프로그램의 신규 작성 및 메모리에 등록된 프로그램을 수정할 수 있다.
	자동 운전(AUTO)	메모리에 등록된 프로그램을 자동 운전한다.
	반자동(MDI : Manual Data Input)	프로그램을 작성하여 메모리에 등록하지 않고 기계를 동작시킬 수 있다. NC 선반에서는 복합형 고정 사이클 중에서 G70, G71, G72, G73 기능을 제외하고 프로그램으로 실행 시킬 수 있다. 예를 들면 공구 회전 및 이송, 주축 회전, 간단한 절삭 이송 등을 명령한다.
	핸들(Handle)	MPG(Manual Pulse Generator)로도 표시하며, 조작판의 핸들을 이용하여 축을 이동시킬 수 있다. 핸들의 한 눈금(1 펄스)당 이동량은 0.001mm, 0.01mm, 0.1mm의 종류가 있다.
	비상 정지 (Emergency Stop) 버튼	돌발적인 충돌이나 위급한 상황에서 버튼을 누르면 비상정지하고, 메인 전원을 차단한 효과를 나타낸다. 해제 방법은 화살표 방향으로 돌리면 튀어나오면서 해제된다.
	자동개시 (Cycle Start)	자동, 반자동, DNC(TAPE) 모드에서 프로그램을 실행한다.
	이송정지 (Feed Hold)	자동 개시의 실행으로 진행 중인 프로그램을 정지시킨다. 이송 정지 상태에서 자동 개시 버튼을 누르면 현재 위치에서 재개한다. 이송 정지 상태에서는 주축 정지, 절삭유 등은 이송 정지 직전의 상태로 유지된다. 나사 가공(G32, G92, G76) 실행 중에는 이송 정지를 작동시켜도 나사 가공 블록은 정지하지 않고 다음 블록에서 정지한다.

사출금형제작 설비관리

	공구 선택	수동 조작으로 공구대(Turret)를 회전시킬 수 있다. HANDLE, JOG, RPD, ZRN MODE에서 조작이 가능하다.
	핸들(MPG : Manual Pulse Generator)	축의 이동을 핸들(MPG) 모드에서 펄스(0.001mm, 0.01mm, 0.1mm Pulse) 단위로 이동시킨다. 0.1mm Pulse에서 핸들을 사용할 때에는 천천히 돌려야 한다. 핸들 이동에는 자동 가감속 기능이 없기 때문에 축이 이동할 때 충격을 주면 볼 스크루와 베어링의 파손 원인이 된다.
	주축 회전 (Spindle Rotate)	• 주축 정회전 : 수동 모드에서 CW 버튼을 누르면 주축이 정회전한다. • 주축 정지 : 수동 모드에서 회전 중인 주축을 정지시킨다. • 주축 역회전 : 수동 모드에서 CCW 버튼을 누르면 주축이 역회전한다.
	드라이 런 (Dry Run)	드라이 런 스위치가 ON되면 프로그램에 명령된 이송 속도를 무시하고 JPG 속도(조작판의 Jog Feed Override)로 이송된다.
	이송 속도 조정 무시 (Feed Override Cancel)	이송 속도 오버라이드 스위치로 조절한 이송 속도를 무시하고 프로그램에 명령된 이송 속도로 고정된다. 즉, 이송 속도 오버라이드를 100%로 고정시킨다.
	머신록크 (Machine Lock)	축 이동을 하지 않게 하는 기능이다. 프로그램을 테스트할 때 많이 사용한다.
	보조 기능 로크 (AUX, F, Lock)	보조 기능(M 기능)이 작동하지 못하게 한다. 단, 프로그램을 제어하는 M 기능(M00, M01, M02, M30,M98, M99) 6가지는 예외다.
	싱글 블록 (Single Block)	자동 개시의 작동으로 프로그램이 연속적으로 실행되지만, 싱글 블록 기능이 ON되면 한 블록씩 실행된다.
	M01 (Optional Program Stop)	프로그램에 명령된 M01을 선택적으로 실행되게 한다. 조작판의 M01 스위치가 ON일 때는 프로그램 M01의 실행으로 프로그램이 정지하고, OFF일 때는 M01을 실행해도 기능이 없는 것으로 간주하고 다음 블록을 실행한다. M01에 의한 정지는 M00과 동일한 기능을 수행한다.
	옵션 블록 스킵 (Optional Block Skip)	선택적으로 프로그램에 명령된 "/"에서 ";"(EOB)까지를 건너뛰게 하는 기능이다. 스위치가 ON되면 "/"에서 ";"까지를 건너뛰고 OFF일 때는 "/"가 없는 것으로 간주한다.
	절삭유(Coolant) ON, OFF	절삭유의 작동을 제어한다. 프로그램에서 명령된 것(M08, M09)보다 우선이다.
	행정 오버 해제 (EMG-Limit Switch Release)	기계 최대 영역의 마지막에 설치되어 있는 Limit 스위치까지 기계가 이동하면 행정 오버 알람이 발생되고, 알람을 해제하려면, 스위치를 누르고 있는 상태에서 EMG RELEASE 행정 오버된 축을 반대로 이동시킨다.

■ 작업 준비
가공하기 전 기계 장치의 이상 유무를 확인한다.

■ 전원 공급
① 기계의 메인전원 스위치를 ON 방향으로 돌린다.
② 조작패널의 전원 (Power) 스위치를 ON한다.
③ 조작판의 비상정지 (Emergency Stop) 스위치를 해제한다.

■ 수동 원점 복귀
① Mode 스위치를 ZRN (Zero Return)으로 선택한다.
② X축 +방향의 Jog Feed 스위치를 1회 가볍게 누른다.
③ Z축 +방향의 Jog Feed 스위치를 1회 가볍게 누른다.
 X축, Z축의 수동 기계 원점 복귀가 완료되면, 조작판의 X축, Z축 원점 복귀 완료 램프가 점등하며, 기계는 운전 준비 상태가 완료된다. 이때 기계 좌표는 X000.000 Z000.000을 표시한다.

(3) 가공방법 및 종류

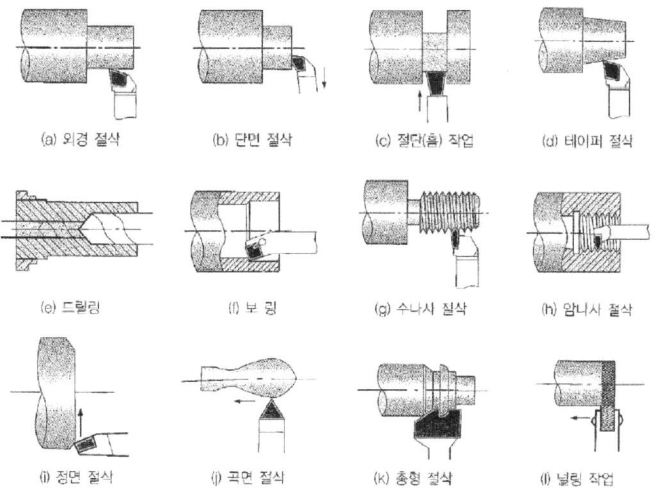

[그림1-2-14] 가공방법의 종류

3. 평면가공

(1) 밀링머신

가. 바이스의 설치

밀링작업에서 없어서는 안될 부속장치로써 가공을 필요로 하는 일감을 고정하는데 사용된다. 바이스는 테이블에 고정을 하며 설치시에는 반드시 진직도 및 평행도를 체크하여 설치해야 한다.

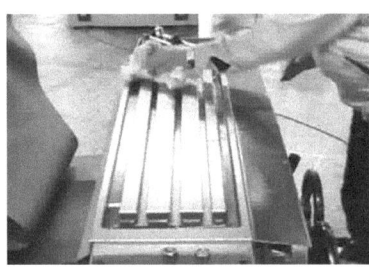 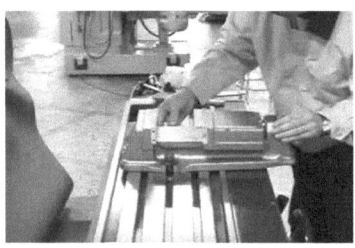

[그림1-2-15] 바이스의 설치

설치 전에는 테이블 이물질 제거를 위해 걸레나 청소용 솔을 사용하여 깨끗하게 닦은 후 사용하고자 하는 바이스를 테이블에 설치를 하는데, 바이스의 무게가 무거우므로 테이블로 이동할 때까지 주의를 요한다.

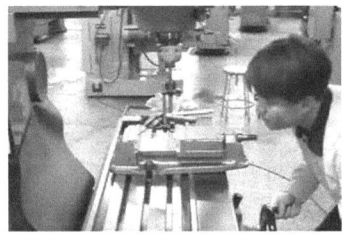 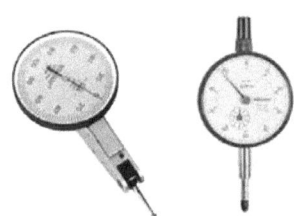

[그림1-2-16] 바이스 평행도 검사와 측정기기

바이스를 테이블에 올려 놓은 후 다이얼 인디게이터와 같은 측정기기로 평행도 작업을 하면서 바이스의 설치를 완료한다.

나. 절삭공구의 설치

절삭공구를 설치하기 전에 공구를 고정시켜주는 고정구를 먼저 스핀들축에 설치를 해주어야 한다. 평면가공에서 주로 사용되는 페이스커터(Fcce-Cutter 또는 Face-Mill이라고도 함)나 엔드밀(End-Mill)은 독립적으로 설치가 안되고 어댑터(Adapter)나 콜렛척(Collect-Chuck)을 같이 병용해야만 한다. 그래서 어댑터의 설치를 우선적으로 밀링에 설

단원명 1 설비 매뉴얼 습득하기

지글 해야만 한다.
스핀들축의 내부를 깨끗하게 청소를하여서 어댑터 탈부착이 쉽게 이루어 질 수 있도록 해줘야 한다.

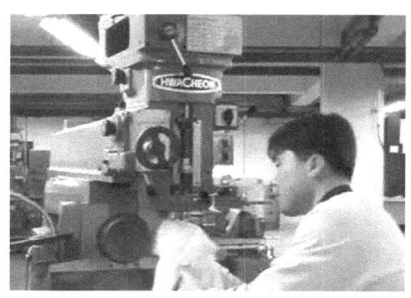

[그림1-2-17] 어댑터 설치 전 스핀들축 청소하는 장면

[그림1-2-18] 공구 탁부착과 핸드브레이크 설정-해제 모습

스핀들축에 페이스밀이나 어댑터를 탈부착 할 때에는 우측 헤드부분에 있는 자동탈부착 스위치를 이용하여 작업을 한다. 공구 탈부착 작업시엔 밀링헤드 부분에 있는 브레이크를 설정하여 스핀들이 회전을 하지 못하도록 해야한다.

다. 평면가공하기

밀링머신은 주로 평면가공을 하는 기계이다. 페이스밀이나 엔들밀의 회전에 의한 가공이기 때문에 평면가공이 된다. 이에 육면체 가공하는 순서를 아래와 같이 나열하고자 한다.

<표1-2-4> 6면체 가공순서

작업	화면구성	상세 설명
기준면가공		ⓐ면이 위쪽으로 향하게 하여 밀링 바이스에 고정된 일감은 ⓐ면⇒ⓑ면⇒ⓒ면⇒ⓓ면⇒ⓐ면⇒ⓑ면⇒ⓔ면⇒ⓕ면의 순서로 가공한다. ① 주축 속도 변환 레버를 돌려 주축의 회전수를 1040rpm에 맞추고 주축을 회전시킨다. ② 그림 (a)과 같이 니이 이송 핸들을 시계 방향으로 천천히 돌려 정면 밀링 커터의 날끝을 일감의 ⓐ면 우측 상단에 접근시켜 일감과 접촉하려는 순간에 니이 이송 핸들을 멈추고, 마이크로칼라 눈금을 "0"에 맞춘다. ③ 그림ⓑ와 같이 테이블 이송 핸들을 반시계 방향으로 돌려 일감을

사출금형제작 설비관리

작업	화면구성	상세 설명
		좌측으로 보낸 다음, 니 이송 핸들의 마이크로칼라 눈금을 보면서 시계 방향으로 돌려 니이를 2mm올린다. ④ 그림ⓒ와 같이 테이블 이송 핸들을 시계 방향으로 천천히 돌려 ⓐ면의 흑피를 제거한다. ⑤ 테이블 이송 핸들을 반시계 방향으로 돌려 일감을 다시 좌측으로 보낸다. ⑥ 주축의 회전을 정지시키고 가공면의 상태를 확인한다. ⑦ 니 이송 핸들의 마이크로 칼라 눈금을 보면서 시계 방향으로 돌려 니이를 0.1mm올린다. ⑧ 주축 속도 변환 레버를 돌려 주축의 회전수를 1450rpm에 맞추고 주축을 회전시킨다. ⑨ 그림(c)와 같이 테이블 이송 핸들을 시계 방향으로 천천히 돌려 ⓐ면을 다듬질 가공한다. ⑩ 테이블 이송 핸들을 반시계 방향으로 돌려 일감을 다시 좌측으로 보낸다. ⑪ 주축의 회전을 정지시키고 가공면의 상태를 확인한다. ⑫ 밀링 바이스에서 일감을 풀고 그림ⓐ와 같은 방법으로 다듬질용 줄을 사용하여 가공한 일감의 모서리를 모따기한다.
ⓑ면 가공		① 청소용 솔을 이용하여 칩을 제거하고, 조 및 평형대, 평행핀을 깨끗이 닦는다. ② 그림 같이 앞에서 가공된 ⓐ면을 고정조쪽으로, ⓑ면을 위쪽으로 향하게 하여 밀링 바이스에 일감을 고정하고, (1)의 ⓐ면 가공 방법과 같은 순서대로 ⓑ면을 가공한다.
ⓒ면 가공		① 청소용 솔을 이용하여 칩을 제거하고, 조 및 평형대, 평행핀을 깨끗이 닦는다. ② 그림과 같이 앞에서 가공된 ⓑ면을 고정조쪽으로, ⓒ면을 위쪽으로 향하게 하여 밀링 바이스에 일감을 고정하고, (1)의 ⓐ면 가공 방법과 같은 순서대로 ⓒ면을 가공한다.
ⓓ면 가공		① 청소용 솔을 이용하여 칩을 제거하고, 조 및 평형대, 평행핀을 깨끗이 닦는다. ② 그림과 같이 앞에서 가공된 ⓒ면을 고정조쪽으로, ⓓ면을 위쪽으로 향하게 하여 밀링 바이스에 일감을 고정하고, (1)의 ⓐ면 가공 방법과 같은 순서대로 ⓓ면을 가공한다
기준면 재가공		① 청소용 솔을 이용하여 칩을 제거하고, 조와 평형대를 깨끗이 닦는다. ② 가공된 ⓓ면을 고정조쪽으로, ⓐ면을 위쪽으로 향하게 하여 밀링 바이스에 일감을 고정하고, 버니어 캘리퍼스로 높이를 측정한다. ③ 주축을 회전시키고 니 이송 핸들을 천천히 돌려 정면 밀링 커터의 날끝을 일감의 ⓐ면 우측 상단에 접근시켜 일감과 접촉하려는 순간에 니 이송 핸들을 멈추고, 니의 마이크로칼라 눈금을 "0"에 맞춘다. ④ 테이블 이송 핸들을 반시계 방향으로 돌려 일감을 좌측으로 보내고 주축을 정지시킨다.

작업	화면구성	상세 설명
		⑤ 니이 이송 핸들의 마이크로칼라 눈금을 보면서 시계 방향으로 돌려 다듬질 여유가 0.1mm되도록(가공 후의 높이가 34.1mm가 되도록) 니이를 올린다. ⑥ 주축을 회전시키고 테이블 이송 핸들을 시계 방향으로 돌려 ⓐ면을 가공한다. ⑦ 테이블 이송 핸들을 반시계 방향으로 돌려 일감을 다시 좌측으로 보낸 다음, 주축을 정지시키고 버니어 캘리퍼스로 높이를 다시 측정한다. ⑧ 니이 이송 핸들의 마이크로칼라 눈금을 보면서 시계 방향으로 돌려 높이가 34mm되도록 다듬질 여유량 만큼 니를 올린다. ⑨ 주축을 회전시키고 테이블 이송 핸들을 시계 방향으로 천천히 돌려 ⓐ면을 다듬질 가공한다. ⑩ 테이블 이송 핸들을 반시계 방향으로 돌려 일감을 다시 좌측으로 보낸 다음, 주축을 정지시키고 버니어 캘리퍼스로 높이를 측정한다. ⑪ 밀링 바이스에서 일감을 풀고 다듬질용 줄을 사용하여 가공한 일감의 모서리를 모따기한다.
b면 치수 재가공		① 청소용 솔을 이용하여 칩을 제거하고, 조 및 평형대, 평행핀을 깨끗이 닦는다. ② 가공된 ⓐ면을 고정조쪽으로, ⓑ면을 위쪽으로 향하게 하여 밀링 바이스에 일감을 고정하고, (5)의 ⓐ면 가공 방법과 같은 순서대로 ⓑ면을 치수에 맞게 다시 가공한다.
e면 가공		① 청소용 솔을 이용하여 칩을 제거하고, 조를 깨끗이 닦는다. ② 가공된 ⓐ면을 고정조쪽으로, ⓔ면을 위쪽으로 향하게 하여 밀링 바이스에 일감을 가볍게 고정한 다음, 조 밑면에 직각자를 대고 일감이 직각이 되도록 맞춰 단단히 고정한다. ③ (1)의 ⓐ면 가공 방법과 같은 순서대로 ⓔ면을 가공한다.
		① 청소용 솔을 이용하여 칩을 제거하고, 조를 깨끗이 닦는다. ② 가공된 ⓐ면을 고정조 쪽으로, ⓕ면을 위쪽으로 향하게 하여 밀링 바이스에 일감을 가볍게 고정한 다음, 조 밑면에 직각자를 대고 일감이 직각이 되도록 맞춰 단단히 고정한다. ③ (1)의 ⓐ면 가공 요령과 같은 방법으로 ⓕ면을 가공하고 버니어 캘리퍼스로 높이를 측정한다. ④ 니이 이송 핸들의 마이크로칼라 눈금을 보면서 시계 방향으로 돌려 다듬질 여유가 0.1mm되도록(가공 후의 높이가 50.1mm가 되도록) 니이를 올린다. ⑤ 주축을 회전시키고 테이블 이송 핸들을 시계 방향으로 돌려 ⓕ면을 가공한다. ⑥ 테이블 이송 핸들을 반시계 방향으로 돌려 일감을 다시 좌측으로 보내고 주축을 정지시킨 다음, 버니어 캘리퍼스로 높이를 다시 측정한다. ⑦ 니 이송 핸들의 마이크로칼라 눈금을 보면서 시계 방향으로 돌려 높이가 50mm되도록 여유량 치수만큼 니이를 올린다. ⑧ 주축을 회전시키고 테이블 이송 핸들을 시계 방향으로 천천히 돌려 ⓕ면을 다듬질 가공한다. ⑨ 테이블 이송 핸들을 반시계 방향으로 돌려 일감을 다시 좌측으로 보낸 다음, 주축을 정지시키고 버니어 캘리퍼스로 높이를 측정한다. ⑩ 밀링 바이스에서 일감을 풀고 그림Ⅱ-6(a)와 같은 방법으로 다듬질용 줄을 사용하여 가공한 일감의 모서리를 모따기한다.

사출금형제작 설비관리

(2) 머시닝센터
가. 기계 시운전하기

대부분의 기계는 모터에 의해 구동되기 때문에 가공하기 전에 앞서서 약간의 시운전(워밍업)이 필요하다. 여기에 머시닝센터도 각종 장치에 오일의 공급을 원활하게 공급할 수 있도록 하고 기계의 이상 유무를 점검하는 차원에서 시운전이 필요하다.

작업	화면구성	상세 설명
전원 공급하기		▶ 기계의 전원을 공급하기 위한 작업을 수행 ▶ 비상버튼을 해제
기계원점 복귀		▶ POWER를 ON ▶ 모드 선택 스위치를 ZRN (ZERO RETURN, REF1.)에 위치 시킨다. ▶ 기계 원점 복귀를 원하는 축을 선택한 후 원점복귀 방향 JOG 버튼 누름 ▶ 공구와 작업물의 충돌을 피하기 위하여 Z축을 먼저 원점복귀 완료 시킨 후 나머지 축의 원점복귀 수행 ▶ 장비에 따라서 자동 원점 복귀기능 버튼을 이용한 전축 자동 원점 복귀 기능을 지원하기도 합니다. ▶ 원점 복귀가 완료된 후 원하는 작업 모드로 모드 선택 스위치를 전환
JOG 이송		▶ 모드 선택 스위치를 JOG 모드로 선택 ▶ 축 선택 스위치를 이용하여 이송 시키고자 하는 축을 선택 ▶ JOG- 또는 JOG+ 버튼 중에 원하는 이송 방향 버튼을 누름 ▶ 급속 이송속도로 이송시키고자 할 경우 RAPID 버튼을 동시에 누름 ▶ 급속 이송으로 움직이는 경우에는 각축의 최대 이송 속도로 움직이므로 미숙련자는 기계 충돌의 위험을 방지하기 위해 급속 이송 오버라이드(RAPID Override)를 30%이하로 사용 ▶ 축 이송 중 LIMIT 스위치를 벗어난 경우(Over Travel 상태)에는 O.T RELEASE 버튼을 누른 상태에서 반대 방향으로 축 이송을 수행

단원명 1 설비 매뉴얼 습득하기

4. 연삭가공
(1) 작업순서

<표1-2-5> 원통연삭기 운용 순서

작업	화면구성	상세 설명
작업 준비하기	1 2 3	▶ 원통연삭기 각 부위를 점검 및 급유 ▶ 공구 및 측정기를 준비한다. ▶ 공작물의 양 센터 구멍 확인 ▶ 유압펌프 작동, 연삭숫돌 시동
심압대고정		▶ 공작물의 한쪽 센터 구멍을 주축 센터 끝에 일치하게 셋팅 ▶ 공작물의 끝단과 심압대 센터의 끝이 12~15mm정도 겹치는 위치 설정 ▶ 테이블의 기준면에 바짝 밀어 붙이고 고정 볼트를 조여 테이블에 고정
공작물의 회전속도 조정		▶ 공작물의 회전수 N $$N = \frac{1000\,V}{\pi D}$$ 단, V = 공작물의 원주 속도(m/min) D = 공작물의 지름(mm) N = 공작물의 회전수(rpm) π = 원주율
공작물 설치		▶ 공작물을 양 센터 사이에 설치 ▶ 공작물의 양쪽 센터 구멍에 그리스 도포 (윤활목적) ▶ 주축의 회전 핀과 돌리개가 걸리도록 조정
테이블 행정 조절		▶ 테이블의 이송 행정 길이를 조절 ▶ 테이블 이송 정지 스토퍼 고정 해제 ▶ 테이블이 정지되도록 이송 역전 스토퍼를 고정
외경 연삭		▶ 공작물의 외경 셋팅 연삭 ▶ 공작물의 심압대 쪽 끝으로 오도록 테이블을 이동 ▶ 공작물을 회전 시킴 ▶ 연삭숫돌을 공작물에 가볍게 접촉 ▶ 절삭유 공급 ▶ 테이블을 좌우로 이송하여 표면 매끄러울 때까지 연삭

사출금형제작 설비관리

작업	화면구성	상세 설명
가공물 확인	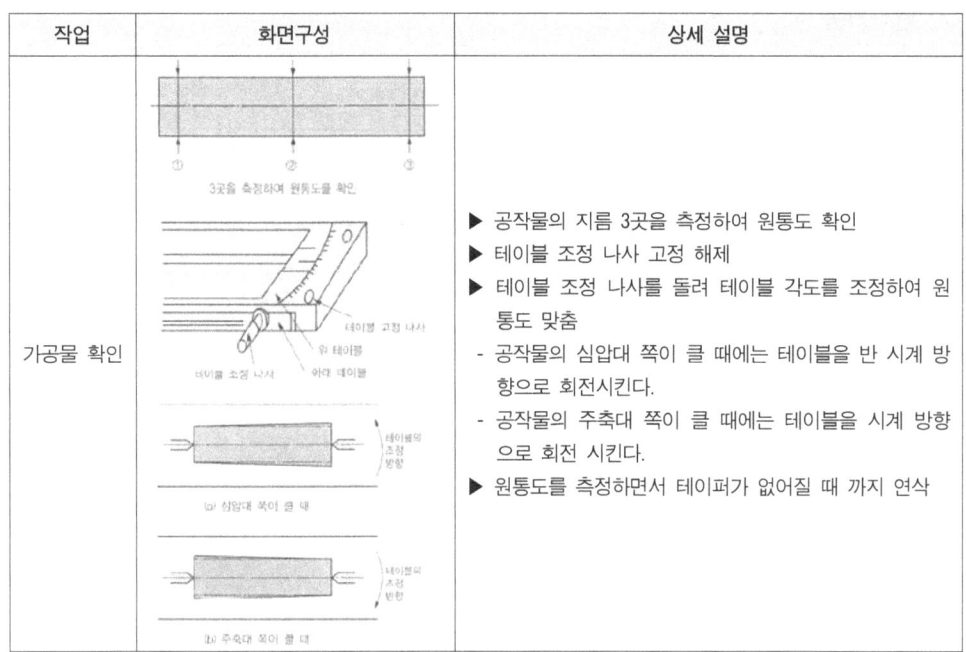	▶ 공작물의 지름 3곳을 측정하여 원통도 확인 ▶ 테이블 조정 나사 고정 해제 ▶ 테이블 조정 나사를 돌려 테이블 각도를 조정하여 원통도 맞춤 - 공작물의 심압대 쪽이 클 때에는 테이블을 반 시계 방향으로 회전시킨다. - 공작물의 주축대 쪽이 클 때에는 테이블을 시계 방향으로 회전 시킨다. ▶ 원통도를 측정하면서 테이퍼가 없어질 때 까지 연삭

5. 방전가공

(1) 작업순서

<표1-2-6> 방전가공 순서

순서		확인사항
기계점검	■ 기계 전원 작동	■ 배선용 차단기 ON ■ 조작반 Power ON
	■ 기계 원점 준비	■ XYZ 원점 확인 ■ UV 수직 조정
	■ 상·하부 주변확인	■ 통전판 확인 ■ 노즐확인
가공준비	■ 가공물 설치	■ 가공물 수평 수직 확인 ■ 와이어 결선 확인
	■ 가공 준비	■ 가공조건 선택 ■ 가공 프로그램 입력
가공시작	■ 가공과정 점검	■ 가공중 발생 될 수 있는 부분 확인 ■ 수압 확인
종료	■ 프로그램 종료 확인 ■ 각종 장치 확인	■ 가공 완료된 가공물 탈거 ■ 기계 장치 종료 확인 ■ 기계 청소

단원명 1 설비 매뉴얼 습득하기

실기내용

1. 머시닝 센터를 운용하여 가공하고자 한다. 가공하기 전 기계의 기본 셋팅 방법을 설명하라. [기계원점과 공작물 좌표계 설정]

기계의 원점은 제조사마다 조금씩 위치적인 차이가 있겠지만, 기본적으로 전원을 켰을 때 좌표를 설정하기위한 단계이다.

우선적으로 4번의 MODE SEL에서 ZRN으로 위치를 하고 5번의 JOG를 이용하여 XYZ축의 기계원점으로 이동을 시킨다. 기계 원점 작업이 완료되면, 가공하고자 하는 공작물을 바이스에 설치하고 공구를 셋팅하기 위한 위치로 이동을 시킨다. 그 이후에 공구의 셋팅이 완료되면 4번에서 MDI 또는 HANDLE로 위치한 뒤, 좌표계를 입력한다. G54~G59번까지의 좌표계를 임의로 입력이 가능한데, 머시닝센터는 주로 작업좌표계 한 개의 이용으로 CAM 데이터를 작성하기 때문에 제일 많이 사용되는 G54번의 좌표에 기계좌표값을 입력한다. 기계좌표 값과 같은 값으로 입력하게되면 그 위치의 좌표가 작업좌표계의 원점이 되는 것이다. 예를들면, Z축의 값을 현재의 기계좌표계 보다 10mm 올려서 원점을 잡고 싶다면, 현재의 값에 10mm를 합산하여 입력하면 된다.

관련 자료

- 매뉴얼(각 설비 제조사별 기계사용 설명서, 유공압 회로, 전기회로도, 유지보수 설명서 포함)
- 설비 서비스 연락처

안전유의사항

- 기계 조작시 각 기계별 안전수칙 준수하기

사출금형제작 설비관리

1-3 안전수칙

교육훈련 목 표	• 기계별 안전수칙을 습득하여 작업시 안전사고가 발생하지 않도록 방지할 수 있다.

필요 지식

1 산업안전보건 교육

1. 안전 보건의 개념

안전이란 사고의 가능성과 위험을 제거할 목적으로 인간의 행동 변화와 물리적 환경에서 발생한 상황 혹은 상태를 뜻하며, 보건이란 건강을 유지, 발전시키기 위한 계획적인 노력을 통해 질병을 예방하고 수명을 연장시키고, 신체의 건강과 능률을 증진시키는 것을 의미한다. 안전보건은 사고의 가능성과 위험을 제거하고, 건강 유지 및 증진의 목적으로 인간의 행동과 물리적 환경 상태를 설계하는 활동으로 정의할 수 있다. 안전보건은 인간행동의 체계적인 변화를 목적으로 하는 안전보건 교육과 물리적 환경의 설계관리를 목적으로 하는 안전보건 관리로 나눌 수 있으며, 다음의 [표1-3-1]은 안전보건의 체계를 나타낸 것이다.

[표1-3-1] 안전보건 체계

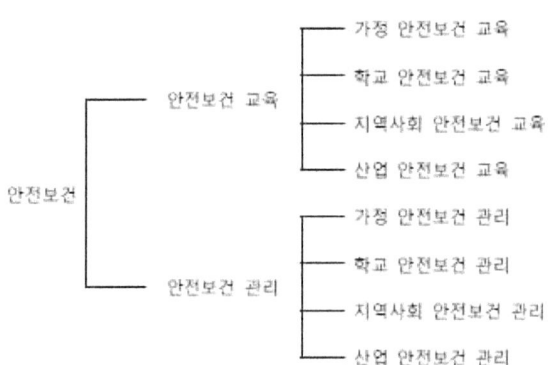

2. 안전보건 교육의 개념

안전보건 교육은 일상생활에서 교육이라는 수단을 활용하여 개인 및 집단의 안전과 보건에 필요한 지식, 기능, 태도 등을 이해시키고, 자신과 타인의 생명을 존중하며, 안전하고 건강한 생활을 영위할 수 있는 습관을 육성시키는 것이다. Florio의 정의를 근거로 안전보건 교육의 개념을 정리하면 다음과 같다.

단원명 1 설비 매뉴얼 습득하기

첫째, 일상생활 전 영역에서 안전보건을 위해 필요한 사항을 이해시키고 안전보건의 규직을 지키며, 안전하게 행동할 수 있는 능력이나 태도를 기르는 것이다. 이것은 각각의 학생들을 대상으로 안전보건을 위해 필요한 기초적인 내용을 이해시키고, 안전하게 행동할 수 있는 태도와 습관을 형성하고자하며, 바람직한 안전보건 행동 양식의 습득을 위한 것이다.

둘째, 일상생활 속에 잠재해 있는 위험을 예측해서 항상 안전보건 상의 위험을 확인하고, 정확한 판단으로 안전하게 행동할 수 있는 태도나 능력을 기르는 것이다. 시시각각으로 복잡하게 변화하는 현대생활에 대처하기 위하여 사전에 위험을 예측하여 정확한 판단으로 안전하게 행동하고, 응용하여 적극적인 행동을 기르는 것을 목표로 하고 있다.

셋째, 자신이나 타인의 안전보건 생활을 존중하고 학교, 가정, 지역 사회, 산업체 등에서 안전하게 역할을 수행할 수 있는 태도나 능력을 기르는 것이다. 자신을 비롯한 타인의 안전보건에 관해서도 생각하고, 학교, 가정, 지역사회 및 산업체에서와 같이 보다 넓은 생활영역에서의 안전보건에 대해 주의하는 태도나 능력을 기르는 것을 목표로 하고 있다.

2 산업안전보건의 필요성

1. 우리나라 재해 발생 현황

다음은 연도별 산업재해 발생현황을 나타낸 것으로 재해율은 줄어들고 있으나 재해자수 및 사망자수는 크게 변함이 없음을 알 수 있다.

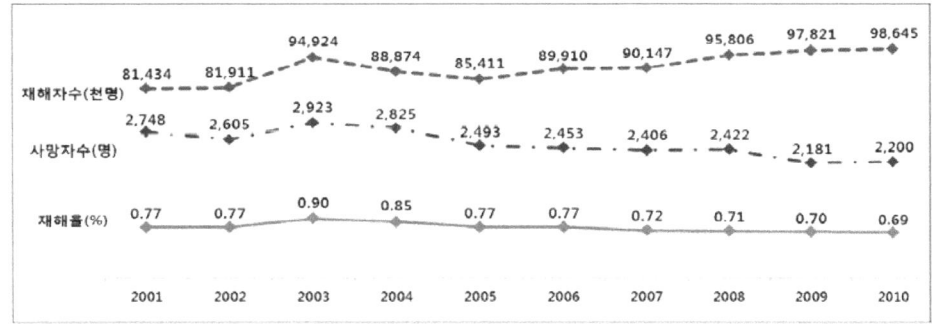

[그림1-3-1]. 연도별 재해발생현황

사출금형제작 설비관리

<표1-3-2>. 연도별 사망재해 발생추이

(단위: 명)

연도 구분	2001	2002	2003	2004	2005	2006	2007	2008	2009	2010
근로자 수(명)	10,581,186	10,571,279	10,599,345	10,473,090	11,059,193	11,688,797	12,528,879	13,489,986	13,884,927	14,198,748
사망자 수[1] (명)	2,748	2,605	2,923	2,825	2,493	2,453	2,406	2,422	2,181	2,200
사망 만인율[2] (‰)	2.60	2.46	2.76	2.70	2.25	2.10	1.92	1.80	1.57	1.55
업무상 사고 사망자 수 (명)	1,551	1,378	1,533	1,537	1,398	1,332	1,383	1,448	1,401	1,383
업무상 사고 사망 만인율[3] (‰)	1.47	1.30	1.45	1.47	1.26	1.14	1.10	1.07	1.01	0.97

1) 사망자수는 재해당시의 사망자수에 요양 중 사망자수 및 업무상 질병에 의한 사망자수를 포함한 것임

2) 사망만인율(‰) = $\dfrac{\text{사망자수}}{\text{근로자수}} \times 10,000$

※ 사망자수 = 업무상사고 사망자수 + 업무상질병 사망자수

3) 업무상사고 사망만인율(‰) = $\dfrac{\text{업무상사고 사망자수}}{\text{근로자수}} \times 10,000$

2. 산업안전보건 교육의 필요성

(1) 우리나라의 산업재해 발생형태

가. 업무상 질병자 발생현황

<표>는 산업재해 중 업무상 질병자 발생현황을 나타낸 것으로 다양한 형태의 각종질병에 작업자가 노출되고 있음을 보여주고 있다. 직업병으로서는 진폐, 난청이 많이 발생되었고, 작업관련성 질병으로서는 요통, 신체부담작업, 뇌심혈관질환이 많이 나타났다.

<표1 3-3> 업무상 질병자 발생현황

(단위: 명)

구분	총계	직업병						작업관련성 질병				
		소계	진폐	난청	금속 및 중금속 중독	유기용제 중독	특정화학물질 중독	기타	소계	뇌·심혈관질환	신체부담작업	요통	기타
'09년	8,721	1,746	1,003	205	3	7	61	467	6,975	639	1,343	4,879	114
'10년	7,803	1,576	931	266	6	25	35	313	6,227	638	1,292	4,008	289
증감	-918	-170	-72	61	3	18	-26	-154	-748	-1	-51	-871	175

※ 업무상질병자란 근로복지공단에서 산재보상지급이 결정된 자이며, 산재보상 인정범위가 확대됨에 따라 예방목적에 적합한 통계를 산출하기 위하여 '99년부터 업무상 질병을 아래와 같이「직업병」과「작업관련성 질병」으로 구분
○ 직업병: 작업환경 중 유해인자와의 관련성이 뚜렷한 질병(진폐, 난청, 금속 및 중금속중독, 유기용제중독, 특정화학물질 중독 등)
○ 직업병 기타: 물리적인자, 이상기압, 세균바이러스 등
○ 작업관련성 질병: 업무적 요인과 개인질병 등 업무외적 요인이 복합적으로 작용하여 발생하는 질병(뇌·심혈관질환, 신체부담작업, 요통 등)
○ 작업관련성질병 기타: 과로, 스트레스, 간질환, 정신질환 등으로 인한 질환 등

나. 발생형태별 재해원인

다음의 〈표〉는 재해원인별 발생비율이 높은 순서대로 나타낸 것으로 기술적 요인보다는 작업자들의 안전수칙 미준수로 인하여 재해가 발생하였으며, 재해원인은 전도(넘어짐)재해, 협착(끼임), 추락의 순으로 높은 비율을 나타냈다.

<표1-3-4> 발생형태별 재해원인

(단위: 명, %)

구분	원인	비율	구분	원인	비율
1	전도(넘어짐)	21,242 (21.53%)	13	감전	464 (0.47%)
2	협착(끼임)	16,881 (17.11%)	14	유해화학 중독질식	462 (0.47%)
3	추락	14,040 (14.23%)	15	폭력행위	426 (0.43%)
4	충돌	8,663 (8.78%)	16	화재	403 (0.41%)
5	절단, 베임, 찔림	7,979 (8.09%)	17	폭발	373 (0.38%)
6	낙하, 비래	7,899 (8.01%)	18	동물상해	294 (0.30%)
7	업무상 질병	7,803 (7.91%)	19	분류불능	215 (0.22%)
8	사업장외 교통사고	4,062 (4.12%)	20	사업장내 교통사고	107 (0.11%)
9	이상온도 기압접촉	2,554 (2.59%)	21	파열	58 (0.06%)
10	무리한 동작	2,328 (2.36%)	22	빠짐 익사	27 (0.03%)
11	체육 행사	1,506 (1.53%)	23	기타	11 (0.01%)
12	붕괴, 도괴	847 (0.86%)	24	광산사고	1 (0.00%)

사출금형제작 설비관리

다. 입사 근속기간별 재해발생현황

다음의 <표1-3-5>는 입사 근속기간별 재해발생 현황을 나타낸 것으로 입사 6개월 미만의 근로자가 전체 재해자수의 54%를 차지하고 있다. 산업현장의 위험요인 등에 대한 인식 및 교육수준이 낮은 신규입사자가 산업재해에 많이 노출되고 있음을 알 수 있다.

<표1-3-5> 입사 근속기간별 재해발생현황

(단위: 명, %)

구 분	총계	6개월 미만	6개월~ 1년 미만	1년~ 2년 미만	2년~ 3년 미만	3년~ 4년 미만	4년~ 5년 미만	5년~ 10년 미만	10년 이상	분류 불능
총계	98,645 (100.00%)	53,511 (54.25%)	9,989 (10.13%)	9,279 (9.41%)	5,428 (5.50%)	3,443 (3.49%)	2,491 (2.53%)	6,807 (6.90%)	7,039 (7.14%)	658 (0.67%)

(2) 우리사회의 안전의식 수준

우리나라의 산업재해 및 사망재해가 선진국과 비교하였을 때 매우 높은 수준으로 나타나고 있으며, 이에 따라 경제적 손실도 매우 크다고 할 수 있다. 그러나 이러한 상황에도 불구하고 우리사회 구성원 특히 이해 당사자인 근로자들은 산업재해 위험성에 대한 인식수준이 낮은 편이며, 안전보건수칙을 준수하는 비율 또한 낮은 것이 현실이다. 안전보건공단에서 안전보건교육 시행여부별 안전의식 수준을 비교 조사(2005년)한 결과 사업장 관계자의 교육 시행여부가 안전의식 수준에 영향을 미칠 것이라는 의견이 평균 7.64점(10점 만점)으로 나타나 안전보건교육을 잘 시행하고 있는 사업장의 경우, 그렇지 않은 사업장에 비해 안전의식 수준 및 사업장의 안전 수준이 높은 것으로 나타났다. 이를 통해 안전보건교육이 안전의식 및 실제 사업장의 안전에 상당한 영향을 미친다는 것을 알 수 있다. 또한, 사업장/근로자/사업주 안전의식 수준, 근무사업장 안전수준, 동일 업종 타 사업장 대비 안전수준 등 모든 항목에서 안전보건교육을 잘 시행하고 있다는 사업장이 그렇지 않은 사업장에 비해 평균 점수가 높은 것으로 조사되었으며, 특히 안전보건교육을 적극적으로 시행하고 있는 사업장과 그렇지 않은 사업장의 의식수준은 가장 큰 격차를 보여 이처럼 사회 구성원들의 안전의식 내면화 및 행동의 습관화를 정착시키기 위해 지속적인 안전보건교육의 필요성이 요구된다.

다음 <표>는 한국안전보건공단 산업안전보건연구원에서 사업주와 근로자의 안전의식수준을 조사(2007년)한 연구 결과이다.

<표1-3-6> 사업주와 근로자의 안전수칙 수준 조사

(단위: %)

구분	안전하다	안전하지 않다	보통이다
가. 현재 근무하는 사업장의 안전수준	70.1	2.3	27.6
나. 동일 업종 타 사업장 대비 안전수준	72.9	0.8	25.8
	그렇다	그렇지 않다	보통이다
다. 근로자들의 안전수칙 준수 정도	62.2	7.3	30.5

먼저, 현재 근무하는 사업장의 안전수준은 산업재해로 인한 사망률이 선진국들에 비해 여전히 높은 현실에도 불구하고 현재 근무하는 사업장의 안전수준에 대해 "매우 안전" 또는 "안전한 편"이라고 긍정적으로 응답한 비율이 70.1%로 비교적 높게 나타났다. 또한 동일 업종 타사업장 대비 현재 근무하는 사업장의 위험수준에 대한 조사에서도 현재자신이 근무하는 사업장이 "매우 안전" 또는 "안전한 편"이라는 긍정적인 응답이 72.9%로 높게 나타났는데, 이는 10명 중 7명 이상이 본인이 소속된 사업장이 타 사업장에 비해 안전하다고 생각하는 것으로 나타났다. 더불어 근로자 본인들을 대상으로 안전보건수칙을 잘 준수하고 있는지에 대한 조사에서는 대상자의 7.3%만이 안전보건수칙을 "전혀" 또는 "별로" 지키지 않는 것으로 응답하였다. 즉 선진 외국에 비해 산재사망률이 매우 높은 것이 현실임에도 불구하고 사업장 근로자들은 자기 주변의 위험성에 대해 인식하지 못하고 있거나 그 위험성을 과소평가하고 있으며, 현장에서의 안전보건수칙도 잘 준수하고 있다고 긍정적으로 응답하였다.

한편 안전보건공단의 산업재해 예방을 위해 가장 필요로 하는 사항을 묻는 설문조사(2005년)에 따르면 "근로자의 의식변화(44.3%)"가 가장 높았으며, "시설자금 지원"(17.1%), "안전보건 교육 및 홍보강화"(13.2%), "사업주 스스로의 의식변화"(9.9%) 순으로 나타났다. 따라서 산업현장에서 산업재해 예방에 대한 근로자의 의식 변화를 이끌어내기 위해서는 현재 산업재해의 실태를 아는 것이 필요하며, 관련 산업의 안전보건교육 실시가 요구된다.

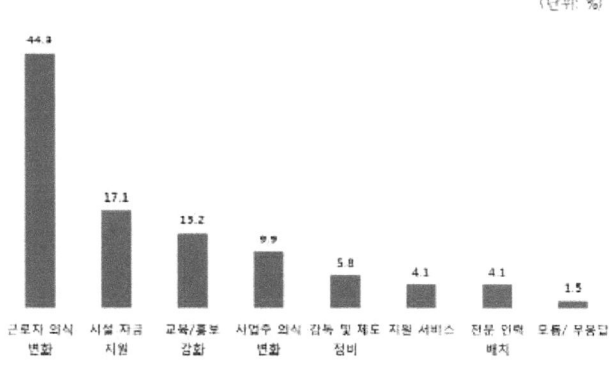

[그림1-3-2] 산업재해 예방을 위한 필요 사항

3. 산업안전보건 교육의 기획

(1) 기계·금속 분야 산업안전보건 교육의 목표

기계·금속 분야는 선반 작업, 밀링 작업, 연삭 작업, 프레스 작업, 용접 작업 등 다양한 가공 방법이 있다. 그러나 어떤 분야이던 간에 안전교육의 궁극적인 목적은 인간생명의 존엄성을 바탕으로 안전에 필요한 요소들을 이해하여 자신과 타인의 생명을 존중하며, 안전한 생활을 영위할 수 있는 능력을 기르는데 있다. 이를 구체적으로 기술하면 다음과 같다.

　① 각종 사고예방을 목적으로 안전의식 내면화 및 행동의 습관화를 정착시킨다.

사출금형제작 설비관리

② 안전을 위해 필요한 요소를 이해하고 자신과 타인의 생명을 존중하며 안전하게 행동할 수 있는 태도와 능력을 기른다.
③ 잠재된 위험을 예측하여 항상 안전을 확인하고 올바른 판단 하에서 안전하게 행동할 수 있는 태도와 능력을 기른다.
④ 예기치 못한 위험상황에 직면해서도 적절히 대처할 수 있는 태도와 능력을 기른다.

나. 기계·금속 분야 산업안전보건 교육의 내용
  교육목표가 설정되면 이러한 목표 달성을 위해서 어떤 교육내용을 학생들에게 제공할 것인가 하는 문제에 직면하게 된다. 교육내용의 선정할 때에는 교육목표와의 일관성, 기본개념의 중시, 탐구학습의 강조, 지도가능성, 경험의 비중복성, 지역성 등을 감안하여 교육내용을 선정해야 할 것이다.
기계·금속분야 산업안전보건교육의 내용을 정하는데 있어서는 ① 작업 및 공정, ② 표준작업방법, ③ 유해·위험요인 및 사고사례, ④ 사고예방 원리 및 대책 등에 대한 내용이 포함되어야 한다.

③ 장비별 운용 안전수칙

1. 드릴 가공

  드릴머신을 운용하여 제품에 드릴 작업시 위험요인을 보게 되면, 면장갑을 착용하고 작업하다 회전하는 드릴 또는 척에 말리는 사고의 발생, 공작물의 고정 불량으로 공작물과 드릴의 파손 또는 비산되는 사고 발생, 회전하는 드릴 날에 신체 접촉으로 재해 발생이 빈번하게 발생되고 있다.

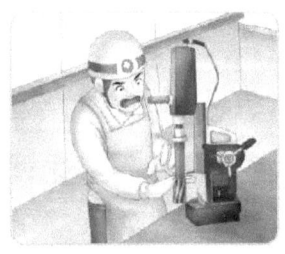
베임

말림

눈에 들어감

[그림1-3-3] 주요 위험요인

작업자의 부주의로 인한 직접적인 사고가 발생하는 항목 중에 드릴 작업이 제일 위험하다. 직접 가공물을 바이스에 물려 손으로 고정시켜 작업을 행해야 하기 때문에 순간적인 실수로 사고가 날 확률이 크다. 그러므로 작업에 관련한 안전수칙을 반드시 숙지 한 뒤 실습에 임해야 한다. 다음은 드릴 작업시의 안전수칙이다.
① 작업 중 줄 자루가 빠지지 않도록 고정상태를 확인한다.(줄자루빠지면 큰일남)

② 줄 작업 중 무리한 힘을 가하지 않도록 힌다.(삐끽하여 줄이 이탈하면 다침)
③ 줄 작업 중 시선은 반드시 공작물의 절삭이 되는 부분을 쳐다본다.(시선 집중)
④ 줄은 사용 후 반드시 정해진 자리에 정리정돈한다.
⑤ 금긋기 바늘은 사용후 코르크 마개를 끼워서 제자리에 정리정돈한다.
⑥ 금긋기 시에 무리한 힘을 가하지 않도록 한다.
⑦ 드릴링 작업시 장갑을 끼지 않도록 한다.(장갑은 운반이나 용접 등에만 허용)
⑧ 드릴링 시 절삭유를 충분히 준다.
⑨ 드릴링 시 공작물을 단단히 고정한다.
⑩ 드릴링이 끝날때 이송을 천천히 한다.(관통될 무렵에 드릴날이 끼여 파손되기 쉬움)
⑪ 손톱 작업시 톱날의 방향이 미는 쪽으로 고정이 되어야 한다.
⑫ 톱작업시 무리한 힘을 주지 않도록 한다.
⑬ 따내기 작업시 시선은 정의 날 끝을 본다.
⑭ 해머는 가볍게 정확하게 친다.
⑮ 각종 계측기 및 공구는 사용 후 반드시 제자리에 정리정돈한다.
⑯ 금긋기 작업을 할 때에는 정반 위와 공작물을 깨끗하게 닦는다.
⑰ 높이 게이지의 스크라이버는 날 끝이 날카로우므로 파손에 유의하고 손을 다칠 위험이 있으므로 주의한다.
⑱ 공작물의 모서리는 날카롭기 때문에 손을 다치지 않도록 주의한다.
⑲ 드릴 작업을 할 때에는 공작물을 바르고 단단하게 바이스에 고정한다.
⑳ 드릴 작업 중에는 드릴 날과 가공물의 소재에 따라서 절삭유를 사용한다.

2. 원통 가공

원통가공의 범용 장비인 선반에서 가공중에 발생되는 위험요인을 보게 되면 기계자체의 정비 불량으로 사고가 발생하는 요인보다는 작업자의 안전 부주의에 의한 사고가 많이 발생된다. 회전하는 공작물이나 척에 신체가 접촉하여 말려 들어갈 수 있는 위험이 있고, 가공 중에 발생되는 칩의 비산에 의해 신체에 부상을 입힐 위험이 있다. 또한 가공상의 절삭 조건을 과하게 설정하여 공작물 및 공구의 파손 및 튕겨 나와 상해를 입힐 위험이 있으며, 날카로운 공작물의 모서리에 의한 신체 부상이 생길 수 있다. 작업자의 안전과 효율적인 생산을 위해서 반드시 안전교육을 시행하고 안전수칙을 엄수하면서 작업에 임해야 한다. 수많은 안전수칙이 있는데, 사고의 발생빈도가 높은 부분을 중점적으로 안전수칙을 다음과 같이 정리하였다.

① 상의의 옷자락은 안으로 넣는다. 소맷자락을 묶을 때는 끈을 사용하지 않는다.
② 칩을 떨어낼 경우에는 브러시로 하며, 맨손 또는 면장갑을 착용한 채로 털지 않는다.
　　특히 스핀들 내면이나 부쉬를 청소할 때는 기계를 세우고 브러시 또는 막대에 천을 씌워서 사용한다.

사출금형제작 설비관리

[그림1-3-4] 안전 불이행

[그림1-3-5] 보호구 및 작업복 착용

③ 칩의 비산시에는 보안경을 쓰고 방호판을 설치, 사용한다.
④ 공작물의 설치가 끝나면 척 핸들, 렌치류 등은 안전한 곳에 보관한다.
⑤ 기계를 끌때는 스위치를 차단한 후 완전히 정지될 때까지 기다려야 하며 손이나 막대기로 정지시키지 말 것.
⑥ 고장난 기계는 "고장, 사용금지" 표지를 반드시 부착할 것
⑦ 기계는 일일이 점검하고 사용전에 반드시 이상유무를 점검하고 사용할 것.
⑧ 작업을 할 때는 규정된 복장및 보호구를 착용한다.
⑨ 보호구의 사용이 정해진 장소나 정해진 작업에서는 반드시 해당보호구를 착용할것.
⑩ 절삭작업의 절삭 깊이 및 공급 장치 속도사양 등을 준수하도록 한다.
⑪ 보호구를 항상 깨끗이 사용하고 정비를하여 두고 불량품은 즉시 교환할것.

[그림1-3-6] 정리된 작업장과 공구

3 평면 가공

(1) 위험요인

밀링은 일반적으로 선반보다 큰 절삭력을 가지고 있으며 고속으로 회전하는 공구의 날은 매우 날카롭고, 가공할 때 발생하는 칩도 선반처럼 연결되어서 나오는 형태가 아니어서 안전사고가 발생하면 치명적이다. 밀링 작업의 안전을 위하여 지켜야할 내용은 다음과 같다.

[그림1-3-8] 안전복 및 보안경 미착용

[그림1-3-9] 안전복 및 보안경 착용

[그림1-3-6] 정리된 작업장과 공구

① 절삭 작업 중에는 장갑을 끼지 않는다.
② 보안경을 착용 한다.
③ 안전복을 착용한다.
④ 옷소매가 펄럭이지 않도록 단추를 잠근다.
⑤ 길이가 긴 작업복의 상의 옷자락은 바지 안으로 넣어 단정하게 정리한다.

나. 작업 전 점검
① 기계를 가동하기 전에 각 부분의 작동 상태를 충분히 점검해야 한다.
② 윤활유 확인 창을 통하여 기름의 양을 확인하고 부족할 때에는 보충해야 한다.
③ 밀링 커터를 교환할 때에는 반드시 테이블 위에 목재를 받친다.
④ 밀링 머신을 작동하기 전에는 반드시 전원 및 각종 레버와 작동 상태를 점검한다.
⑤ 밀링 커터를 회전시킬 때에는 공삭물과 안전거리를 확보한 후 동작 시킨다.
⑥ 무부하 운전 상태에서 진동과 소음을 점검한다.
⑦ 각종 레버의 위치 확인과 기어의 이 물림이 정확한지 확인한다.
⑧ 이송 핸들의 조작이 원활한지 점검한다.
⑨ 윤활유의 순환이 잘 되고 있는지 확인한다.

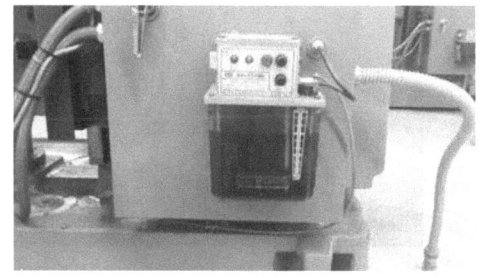

[그림1-3-15] 윤활유 확인과 회전공구의 정확한 고정

사출금형제작 설비관리

다. 공작물 설치
① 공작물의 설치는 반드시 전원을 끄고 한다.
② 테이블을 안전한 위치로 옮긴 다음 공작물을 설치한다.
③ 바이스나 클램프를 이용하여 고정할 때는 한 곳이라도 빠진 곳이 없는지 확인한다.
④ 바이스의 직각도와 평행도를 확인한다. 평행이 맞지 않으면 이송을 하면서 절삭량이 증가하고 절삭 저항을 이기지 못해 공작물이 튀어나오거나 공구가 파손되는 일이 발생한다.
⑤ 공작물이 바이스에 물려 있는 부분보다 돌출되어 있는 부분이 많을 때는 클램프로 보강한다.
⑥ 둥근 형상의 공작물은 V블록이나 V홈을 이용하여 고정한다.

라. 가공
① 기계 조작을 할 때는 장갑을 끼지 않으며, 조작은 무리하게 하지 않는다.
② 주축 회전수의 변환은 주축이 완전히 정지된 상태에서 실시한다.
③ 측정 공구를 옆 사람에게 던져 주는 일이 없도록 한다.
④ 절삭 중에는 공작물을 너무 접근하여 보지 않도록 주의한다.
⑤ 정전이 되었을 때에는 전원 스위치를 꺼야 한다.
⑥ 주축의 공구가 확실하게 고정되어 있는지를 확인한다.
⑦ 숙달되지 않은 상태에서는 가능한 한 상향 절삭으로 작업한다.
⑧ 커터가 회전할 때에는 절대로 헝겊이나 솔로 절삭 칩을 제거하지 말아야 한다.
⑨ 정면 밀링 커터를 사용할 때에는 보안경을 반드시 착용하여야 한다.
⑩ 밀링 커터를 공작물에 댈 때에는 수동으로 천천히 접근 시킨다.
⑪ 측정기를 공구 대신 사용하지 않도록 한다.
⑫ 밀링 머신의 테이블 위에는 공작물이나 공구를 놓지 않는다.

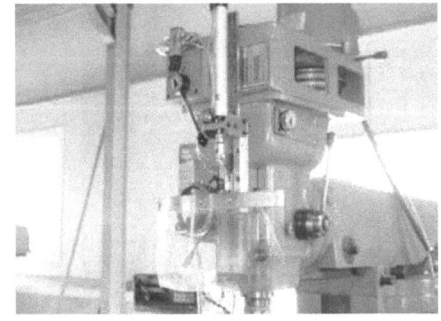 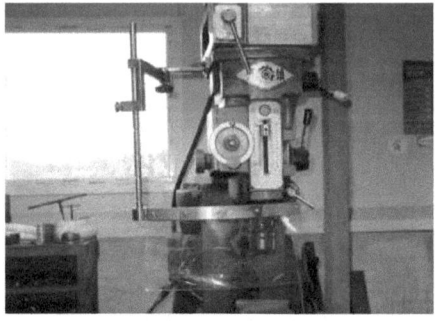

[그림1-3-16] 방호장치

마. 가공 후 정리
① 작업이 끝나면 기계를 청소한다.
② 상하 이송 손잡이는 사용 후 반드시 빼 두어야 한다.
③ 작업 후에는 테이블, 새들, 니 등을 기계의 중심부에 위치하도록 이동시켜 놓는다.
④ 윤활유나 절삭유를 살피고 부족하면 보충한다.
⑤ 공구 마모 상태를 확인하고 필요한 조치를 한다.
⑥ 변환 스위치의 위치를 중립에 놓고 전원을 끈다.
⑦ 기계 청소가 끝나면 기계 주변 바닥에 떨어진 칩이나 절삭유 등을 깨끗이 청소한다.
⑧ 재료, 가공물, 공구, 측정기 등을 바르게 정리한다.
⑨ 공구함에 사용한 공구를 바르게 정리하고 파손된 공구가 없는지 확인한다.

[그림1-3-17] 정리된 작업장

바. 안전 점검 체크리스트
① 기계에 이상은 없으며 가공 준비는 철저한가?
② 작업자의 복장은 규정대로 착용하였는가?
③ 비상정지스위치는 정상 작동하는가?
④ 감전에 대비한 조치로 반드시 접지를 하였는가?
⑤ 작업대 위에 사용이 끝난 측정구나 공구를 치웠는가?
⑥ 칩 제거 시 비산의 위험이 있는 경우 압축공기 대신 반드시 브러시를 사용하는가?
⑦ 청소, 정비, 수리를 할 때에는 반드시 동력을 정지시킨 후 작업하는가?
⑧ 기계에 말려 들어갈 위험이 있는 장갑을 착용하지는 않는가?
⑨ 기계에 작업복이 말려들지 않도록 소매는 단정히 하였는가?
⑩ 절삭작업 중 칩 비산에 의한 눈의 손상을 방지하기 위해 보안경을 착용하는가?

사출금형제작 설비관리

4. 연삭 가공

(1) 위험요인

연삭반은 연삭가공기술의 진보와 함께 많은 업종에서 사용됨과 함께 재해도 많고 특히 숫돌의 파괴에 의한 재해는 그치지 않고 있다. 위험요인을 정리하면 다음과 같다.

가. 연삭반·그라인더에 의한 요인
① 숫돌의 파괴, 파편의 비래 등에 의한 위험
② 회전하는 숫돌에 닿아 절단, 스침 등의 상해 위험
③ 공작물의 파편이나 칩의 비래에 의한 위험
④ 회전하는 숫돌과 덮개 혹은 고정부의 사이에 끼일 위험

[그림1-3-18] 주요 위험요인

나. 작업 상태 및 행동에 의한 요인
① 작업 방법의 결함(기술적·육체적인 무리, 작업순서의 착오)
② 방호조치 및 물건 자체의 결함
③ 잘못된 동작
④ 기계·장치 등의 지정용도 이외 사용
⑤ 안전조치의 불이행

다. 안전 수칙
① 콘센트와 플러그의 접지 및 누전차단기(30mA, 0.03초) 설치를 확인한다.
② 작업모, 안전화, 보안경, 방진마스크, 보호 장갑을 착용한다.
③ 작업 전·후 스트레칭을 한다.
④ 작업 시작 전 위험요소를 지적확인 한다.
⑤ 작업 후엔 주변을 청소, 정리정돈 한다.
⑥ 실내 작업 시 국소배기장치나 전체 환기장치를 사용한다.
⑦ 연삭숫돌은 정해진 사용면 이외는 사용하지 않는다.
⑧ 작업을 할 때는 보호안경을 쓴다.
⑨ 가공물의 설치, 해체 시에는 연삭숫돌에 닿지 않도록 한다.

단원명 1 설비 매뉴얼 습득하기

⑩ 가공물은 확실하게 고정하고, 작업 중에 풀거나 이동시키지 않는다.
⑪ 무리한 작업(연삭압력, 최대절단 등)을 행하지 않는다.
⑫ 적절한 드레싱을 행한다.
⑬ 연삭작업이 끝나면 연삭 액을 완전히 다 쓸 때까지 축을 회전시키고 나서 정지한다.
⑭ 숫돌의 측면에서 바람을 등지고 통로를 바라보며 작업한다.

(2) 연삭기 방호장치 확인
가. 종류 및 구조

<표1-3-7> 연삭기 방호장치의 종류 및 구조

구 분	종 류	구 조
연삭기 방호장치	기계식 연삭기 덮개	주판과 측판 또는 주판 구성품
	탁상용 연삭기 덮개	주판과 측판, 작업대, 조정편
	휴대용 연삭기 덮개	주판과 측판 또는 주판, 측판의 일체형

※ 주판: 연삭숫돌의 원주면을 덮어주는 덮개
※ 측판: 연삭숫돌의 측면을 덮어주는 덮개

나. 설치 시 유의사항
① 덮개에는 그 강도를 저하시키는 균열 등이 없어야 한다.
② 탁상용 연삭기의 덮개에는 작업대(워크레스트) 및 덮개(조정편)를 구비해야하며, 작업대는 연삭숫돌과의 간격을 3㎜ 이하로 조정할 수 있는 구조이어야 한다.
③ 각종 고정부분은 부착하기 쉽고 견고하게 고정될 수 있어야 한다.

5. 방전가공

방전 가공은 금속에 고압의 전류를 순간적으로 발생시켜 금속을 용융시켜 원하고자 하는 형상을 가공하는 기계이다. 그러므로 전기적인 안전수칙을 지키면서 운용을 해야만 한다..

(1) 주요 위험 요인

<표1-3-8> 주요위험요인에 대한 예방대책

주요 위험요인	예방대책
▶ 서보 조작하여 위치 세팅 중 협착 ▶ 와이어 접촉에 의한 전격 ▶ 가공물 탈부착시 근골격계질환 발생 위험 ▶ 가동 중 점검, 청소, 이상 조치시 협착 또는 추락 위험	가공물 위치 세팅 작업시 안전수칙 준수 컷팅 작업 중 와이어 접촉 금지 금형 자재등 중량물 탈부착시 취급보조 설비 사용 설비 가동 중 이물질 제거 또는 청소, 정비 작업 금지

사출금형제작 설비관리

(2) 안전 수칙
① 기계 운용은 경험이 풍부하거나 정식 교육을 받은 지정된 자에 한해 조작하도록 한다.
② 시운전을 통하여 각종 동작 상태를 확인한다.
③ 방전에 필요한 전해물질이나 가공액의 상태 및 유량을 확인한다.
④ 주위의 위험 요인[발화성 물질, 작업에 방해되는 물질]을 제거한다.
⑤ 필터는 주기적으로 청소한다.
⑥ 배출된 와이어를 정리정돈 한다.
⑦ 탈이온수 필터는 주기적으로 확인하여 깨끗한 가공유 상태를 유지한다.

6. 전기 안전

(1) 전기 재해의 위험
- 전기 재해는 감전 재해와 전기 점화원으로 작용하여 발생되는 화재. 폭발. 및 정전기. 전자파에 의한 자동화 전기, 기계, 설비의 오동작 등이 있다.
- 감전에 의한 재해는 전체 산업재해 중 차지하는 비율은 높지 않으나, 심각한 잠재적 사고위험은 몇 가지 고유한 특성을 가지고 있다.

① 전기는 위험의 감지가 어렵다는 것이며, 눈에 보이지도 않고 소리나 냄새도 맡을 수 없고 손으로 확인할 수도 없기 때문에 더욱 위험하다고 할 수 있다.
② 높은 사망률로, 이는 수분 이내에 사망에까지 이를 수 있으며, 전기재해는 발생률은 낮으나 생명은 구출되어도 일생동안 불구자가 될 가능성이 높다.

가. 전기 재해의 분류
- 전기 안전은 전기 재해를 예방하고 전기를 안전하게 공급하고 사용하는 것이다.
- 발전, 송전, 배전 등 공급하는 분야와 전기를 사용하는 자가용 전기시설 및 가정 등의 소비 분야까지 재해나 고장으로 인한 불안감 없이 안심하고 사용 할 수 있어야 한다.
- 재해는 크게 전기재해, 정전기재해 및 낙뢰재해로 나눌 수 있으며, 전기재해에는 감전, 아크의 열복사 등에 의한 화상, 화재, 전기설비의 파손및 기능의 일시정지가 있다.

단원명 1 설비 매뉴얼 습득하기

실기내용

1. 밀링머신의 윤활유 유량 조절하기

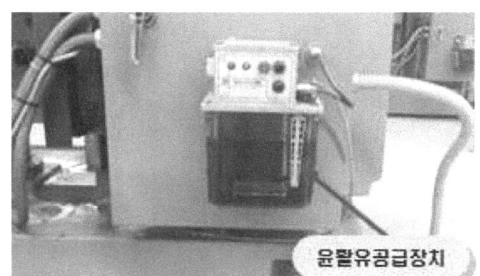

먼저 가공시간을 계획세운다. 가공시간대비 휴지시간이 많게 되면 윤활량을 조절해야 한다. 휴지시간에도 기계의 전원이 켜져 있게되면 윤활공급장치는 세팅되어 있는 시간동안 정해진 유량만큼 계속 작동하기 때문에 확인을 해야 한다.

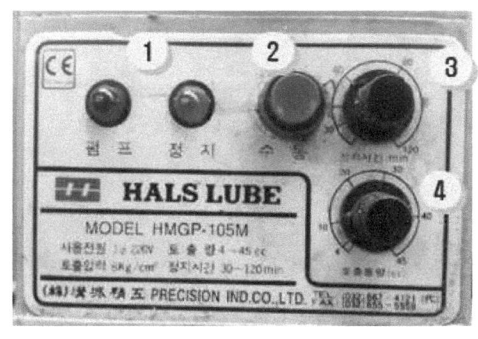

1. 전원이 공급되어 펌프 작동중일 때에는 펌프의 램프가 점등되고 그 외에는 정지가 점등되어 있다.
2. 적색버튼을 누르게되면 수동으로 윤활유를 공급 할 수 있다.
3. 시간을 설정하여 그 시간 간격으로 윤활유 공급을 할 수 있다.
4. 주어진 시간마다 정해진 유량을 기계에 공급한다.

장비 및 도구, 소요재료

- 문서작성 프로그램
- 필기도구
- 설비 사용 프로그램

안전유의사항

- 기계별 안전수칙을 준수한다.

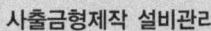 사출금형제작 설비관리

관련 자료

- 매뉴얼(각 설비 제조사별 기계사용 설명서, 유공압 회로, 전기회로도, 유지보수 설명서 포함)
- 설비 점검 매뉴얼(책자, 파일, CD)
- 설비 소모품 매뉴얼
- 설비 서비스 연락처

단원명 1 설비 매뉴얼 습득하기

단위명 1 | 교수방법 및 학습활동

교수 방법

1 강의법
- 사출금형 제작을 위한 설비의 종류를 파악하고 이를 제작하기 위한 설비의 상태유지 방법에 대해서 설명한다.
- 사출금형 제작을 위한 설비의 구조 및 작동원리 등을 설명한다.
- 사출금형 제작을 위한 설비의 기계 가공방법 및 조작등을 실습장내에 설치되어 있는 장비를 활용하여 설명한다.
- 사출금형 제작을 위한 설비의 운용시 위험요인을 분석하고 안전수칙에 대하여 설명한다.

학습 활동

- 사출금형 제작에 관련된 설비(장비)의 종류와 유지방법에 대해서 조별로 토의하고, 조별 토의된 자료를 발표한다.
- 사출금형 제작에 관련된 설비의 운용 안전수칙을 숙지하고 장비별 운전 및 기본가공을 조별로 실시한다.

단위명 1 | 평가

평가 시점

- 설비 매뉴얼 습득에 대한 이해는 교육중 질의 응답과 지필평가를 실시하며 매 수업시 장비의 운용 및 안전수칙에 대한 평가를 체크리스트를 작성하여 수업 종료시 평가를 한다.

평가 준거

- 평가자는 피평가자가 수행 준거 및 평가 내용에 제시되어 있는 내용을 성공적으로 수행할 수 있는지를 평가해야 한다. 평가자는 다음 사항을 평가해야 한다.

사출금형제작 설비관리

평가영역	평가항목	성취수준		
		우수하다	보통이다	미흡하다
설비의 유지관리	설비에 대한 사용 매뉴얼 지식			
	설비 도면의 이해			
설비의 운전 및 가공	설비에 대한 기능 및 사양에 대한 지식			
	가공기술, 가공조건에 대한 기술			
안전 수칙	설비에 대한 안전수칙 매뉴얼 이해			
	설비 사용 환경에 대한 지식			

평가 방법

평가영역	평가항목	평가방법
설비의 유지관리	사출금형 제작에 필요한 설비의 종류	서술형
설비의 운전 및 가공	설비의 가공방법	작업장 평가
안전 수칙	기계 운용 시 안전수칙	문제해결 시나리오
	각 기계에 대한 위험요소 파악	

단원명 1 설비 매뉴얼 습득하기

피드백

1. 문제해결 시나리오
   - 문제 해결 진행 과정중 필요시마다 피드백을 제공하여 문제 해결을 용이하게 한다.

2. 사례연구
   - 사례연구 결과를 모든 학습자들끼리 공유하여 확인 학습할 수 있도록 데이터화여 제시
   - 제출한 내용을 평가한 후에 수정 사항과 주요 사항을 표시하여 다음 수업 시작 시간에 확인 설명

3. 구두발표
   - 발표 과정마다 오류 사항과 주요 사항을 점검, 조정

평 가

1. 드릴머신 부품인 스핀들 축과 컬럼의 기능을 설명하라.

2. 아래그림은 선반의 구조를 나타낸 그림이다. 이중 드릴링, 나사내기, 리머 등의 작업을 할 때 공작물을 고정하거나 지지하는 역할을 하는 부분의 명칭은 무엇인가?

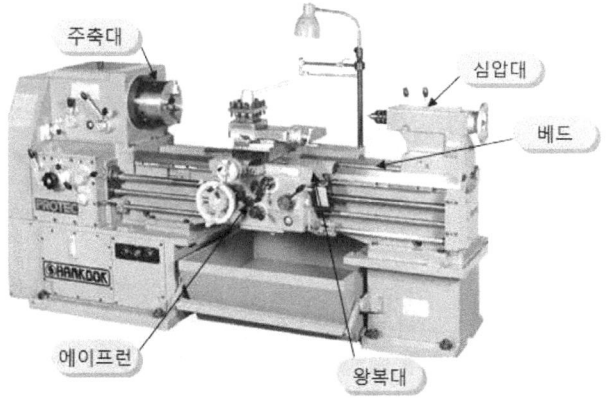

사출금형제작 설비관리

3. 머시닝센터의 조작패널이다. 번호가 말하는 부분에 대하여 설명하라.

4. NC 방전가공기의 AEC(automatic electrode changer)를 설명하라

5. 드릴을 고정할 때에는 자루부가 돌출되어 드릴이 길게 되면 가공 중 어떤 현상이 발생하는가?

6. 단동 척(independent chuk)과 연동척(universl chuck)의 차이점을 설명하시오.

7. 아래 CNC선반 조작판의 각종 기능을 설명하라
   - 자동 운전(AUTO)
   - 반자동(MDI : Manual Data Input)
   - 머신 로크(Machine Lock)

8. CNC공작기계의 기계원점 복귀에 대하여 설명하라.

9. 연삭가공 시 V = 공작물의 원주 속도(m/min), D = 공작물의 지름(mm), N = 공작물의 회전수(rpm), π = 원주율이다. 지름이 $\phi 36$이면 공작물의 회전수 N을 구하는 공식은?

10. 그림과 같이 드릴작업 중 안전 수칙을 불이행된 것을 지적하고 안전대책을 수립하라.

단원명 1 설비 매뉴얼 습득하기

11. 선반작업 전 점검사항을 3가지 이상 설명하라.

12. 밀링작업 중 점검사항을 3가지 이상 설명하라.

13. 탁상용 연삭기의 덮개에는 작업대(워크레스트) 및 덮개(조정편)를 구비해야하며, 작업대는 연삭숫돌과의 간격을 (?)m 이하로 조정할 수 있는 구조이어야 한다.

14. 방전가공에서 발생하는 안전사고의 주요 위험 요인을 설명하시오.

사출금형제작 설비관리

단원명 2   정밀도 유지보수하기(15230201_14v2.2)

2-1   정밀도 검사

교육훈련 목표	• 정밀도를 유지하기 위해서 매뉴얼에 의해 정기적인 정밀도 검사를 실시할 수 있다.

필요 지식   ○ 설비 정밀도 검사에 대한 지식

1 설비의 진단

1. 설비 진단의 개요

설비의 진단은 생산의 효율적인 면에서도 필요하고 제품의 품질을 결정하는데에 중요한 역할을 한다. 정기적인 진단을 통하여 제품의 품질과 정밀성을 가진 부품들을 생산할 수 있다.

(1) 진동법을 응용한 진단기술

진동진단 기술은 회전기계에 생기는 각종 이상의 검출, 평가기술, 송풍기, 팬등의 밸런싱 진단 및 조절기술, 유압밸브의 리크 진단기술, 진동 이외의 파라미터(온도, 압력 등)의 설비 이상 원인의 해석기술로 이용된다.

- ▶ 회전기계에 생기는 각종 이상(언밸런스・베어링 결함 등)의 검출, 평가 기술
- ▶ 송풍기, 팬 등의 밸런싱 진단・조절기술
- ▶ 유압밸브의 리크 진단 기술
- ▶ 진동 이외의 파라미터(온도, 압력 등)의 설비 이상 원인의 해석 기술

(2) 진단기능

- ▶ 진동을 측정하는 타입
- ▶ 이상 판정 논리를 가진 타입
- ▶ 주파수해석을 하는 타입 등

2. 측정기기의 교정

(1) 교정검사의 정의

교정검사란 설비의 게이지 및 측정기기의 정밀도 및 정확도의 유지 향상을 위하여 설비에

서 제품품질과 연관되어 사용히고 있는 정밀측징기를 사용 세이시 빛 측정기 보다 정밀도가 높은 표준기와 차이값을 비교하여 측정기를 수정하거나 보정값을 부여하여 향후 측정값에 그 보정값을 더하여 측정값의 정밀정확도를 확보하는 것을 말한다.

(2) 교정검사의 대상
교정검사를 할 수 있는 대상 주기는 우선 그 분야에 대한 국가측정표준이 확립 되어 있어야 하고 교정방법의 개발 등의 교정능력이 있어야 하므로 법령에서 길이, 각도 등 42개분야에 대하여 정밀도 등급이 8등급 이상인 측정기를 대상으로 함을 원칙으로 규정하고 있다.
등급별 구별은 1등급~3등급은 가장 정밀도가 높은 것으로서 표준급으로 하고, 4~5등급은 교정용 표준기, 6등급은 정밀계기, 7~8등급은 일반계기로 분류하고 있다.

(3) 교정검사의 주기
국가교정기관지정제도운영요령 제42조 제2항에 "측정기를 보유 또는 사용하는 자는 자체적으로 교정주기를 설정하고자 할 때에는 측정기의 정밀도, 정확도, 안정성, 사용목적, 환경 및 사용빈도 등을 감안하여 과학적이고 합리적으로 기준을 설정하여야 한다. 다만, 자체적인 교정주기를 과학적이고 합리적으로 정할 수 없을 경우에는 기술표준원장이 별도로 고시하는 교정주기를 준용한다" 고 규정되어 있다. 그러나 교정대상 및 주기설정을 위한 지침에서 정한 표준교정주기는 가장 보편적인 상황하에서 사용하였을 때 그 측정기의 정밀정확도가 유지될 수 있는 기간을 추정한 교정주기이다. 40개 중분류 / 590개 항목 측정기에 대하여 표준교정주기를 정하고 있으나 각 산업체에 측정기를 사용하고 있거나 보유하고 있는 자는 측정기의 정확도, 안정성, 사용목적, 환경조건 및 사용빈도를 감안하여 주기를 조정토록 권고하고 있다. 이는 같은 사업장이라 한지라도 각 부서별로 측정기를 사용하는 작업환경과 측정범위 및 허용오차범위가 각기 다를 수 있으므로 일률적으로 교정주기를 설정하는 것은 불합리하다는 의미이며 이에 따라 적절한 교정주기를 설정하기 위해서는 일정기간 동안 각 부서별로 측정기 사용실태 및 측정값을 조사한 data를 기초로 하여 주기를 설정하는 것이 바람직하기 때문이다. 따라서 가장 기본적으로 고려해야 할 사항은 주기조정의 근거가 되는 과거 축적된 측정데이터의 확보가 선행되어야 한다.
기기의 종류별로 약 6~120개월의 범위내에서 표준교정검사 주기를 정하고 있으나 이를 기준으로 기기의 정확도, 안정성, 사용목적, 환경조건, 사용빈도 등을 감안하여 자체적으로 주기를 정하여 적절히 운용할 수 있다.

(4) 교정검사기관
교정검사를 할 수 있는 기관은 그 능력과 교정검사 실시 범위에 따라 다음과 같이 구분한다.
① 국가표준연구기관 : 국가측정표준의 정점기관으로서 측정표준의 보급을 위한 교정검사를 실시할 수 있는 기관이며, 한국표준과학연구원이 있다.

사출금형제작 설비관리

② 국가교정검사기관 : 산업체, 연구기관 등이 보유 사용하거나 타사에서 보유 사용하는 측정기를 교정 검사할 수 있는 기관으로서 국립공업기술원 등 국가기관과 연구소, 공공시험기관, 기업 등 210개 기관이 지정되어 있다.

③ 자율교정검사기관 : 자체에서 보유 또는 사용하는 측정기계 대하여 교정검사를 할 수 있는 기관으로서 지정되어 있다.

(5) 교정검사의 절차

교정검사를 받을 때에는 국가에서 지정한 교정검사기관을 통하여 설비의 상태를 파악할 수 있다. 이는 제품의 품질을 좌우하는 설비의 상태를 위한 검사이므로 대부분의 회사는 품질향상을 위하여 정기적인 검사를 통한 기업의 품질인증을 받는다.

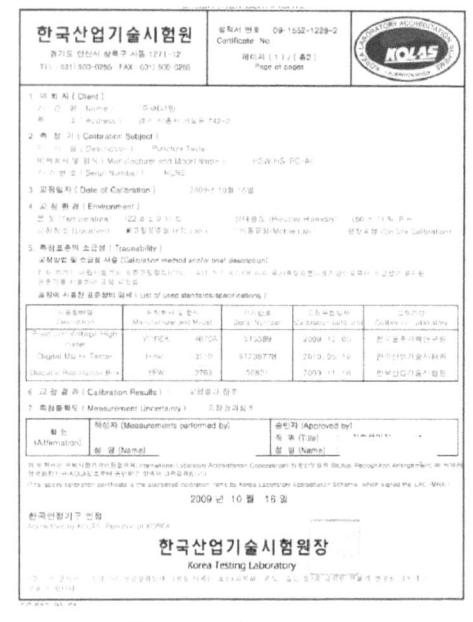

[그림2-1-1] 교정성적서

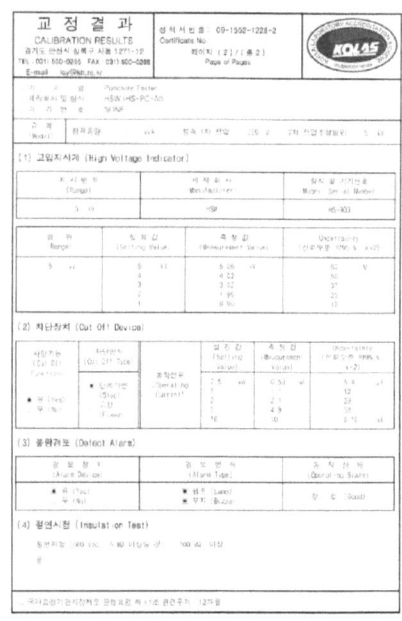

[그림2-1-2] 교정결과서

2 장비의 성능 검사

장비의 성능은 제품의 품질과도 밀접한 관계가 있기 때문에 정기적인 검사는 필수적이다. 또한 제품의 소형화와 고정밀화가 요구되기에 제조사에서 생산에 필요한 장비들의 신뢰성을 갖춰야만 한다. 그러므로 검사를 위하여 제조업체 및 국가에서 지정하는 장비의 성능에 부합할 수 있도록 관리를 해야만 한다.

단원명 2 정밀도 유지보수하기

1. 드릴머신

검사항목	측정방법	측정기기
강성시험	스핀들 축을 테이블과 직각인 면에 힘을 가하였을 때 스핀들 축이 얼마만큼 변위값을 가졌는지를 검사	다이얼게이지 로드셀
정적정밀도	▶ 회전테이블 윗면의 흔들림 ▶ 주축 테이퍼 내면의 흔들림 ▶ 주축 중심선과 테이블 윗면 또는 베이스 윗면의 직각도 ▶ 테이블 윗면과 주축 하우징 또는 퀼의 상하 운동과의 직각도 ▶ 테이블 윗면과 주축대의 상하 운동과의 직각도	정밀평형수준기, 측정자, 블록게이지, 다이얼게이지(인디게이터), 직각자

2. 원통가공

(1) 선반

검사항목	측정방법
주축의 시동, 정지 및 운전조작	▶ 주축의 정회전 및 역회전에 대하여 시동과 정지를 10회 실시하여 작동의 확실성을 시험
주축 속도의 변환 조작	▶ 표시된 속도 범위에 걸쳐서 주축 속도를 변환하여 조작장치의 원활성과 지시의 확실성을 시험
왕복대 및 가로 이송대 이송의 시동, 정지 및 운전조작	▶ 적당한 하나의 이송량 또는 이송속도로 나사깎기 이소으이 시동과 정지를 연속 10회 실시하여 작동의 확실성 검사
이송량의 변화 조작	▶ 표시의 최소, 중간 및 최대 3개의 이송에 대하여 보통이송 및 나사 깎기 이송의 이송량을 변환하여 작동의 원활성과 지시의 확실성을 시험
왕복대 및 가로이송대의 이송속도의 변환조작	▶ 표시의 최저, 중간 및 최고의 3개 이송에 대하여 이송속도를 변환하여 작동의 원활성과 지시의 확실성을 시험 ▶ 급속 이송에 대하여도 작동의 원활성 시험
기계 이송의 착탈과 그 장치의 조작	▶ 왕복대 및 가로 이송대에 대하여 기동이송 착탈 위치의 설정 및 작동의 원활성과 확실성을 시험
왕복대, 가로이송대 및 공구 이송대의 조작	▶ 수동으로 왕복대, 가로이송대 및 공구 이송대를 이송시켜 움직이는 전체 길이에 걸쳐서 작동의 원활성과 균일성을 시험 ▶ 마이크로 칼라 기능의 확실성을 시험
심압대 및 심압축의 조작	▶ 수동 및 기계이동에 의하여 심압대 및 심압축을 이동시켜 움직이는 전체 길이에 걸쳐서 작동의 원활성과 균일성을 시험
조임 조작	▶ 왕복대 및 심압대의 각 조임기구에 대하여 각각의 움직임의 임의의 1개 위치에서 조이고 그 확실성을 시험
공구의 부착	▶ 공구 부착의 확실성과 조임나사의 원활성을 시험
전기 장치	▶ 운전 시험 전후에 각각 1회 절연 상태를 시험 ▶ 반도체 등을 사용한 회로에는 적용제외
안전 장치	▶ 작업자에 대한 안전성과 기계 방호 기능의 확실성을 시험
윤활 장치	▶ 유량의 적정한 배분 등 기능 확실성 시험
유압 장치	▶ 압력 조정 등 기능의 확실성을 시험
부속 장치	▶ 기능의 확실성 시험

사출금형제작 설비관리

(2) NC 선반

검사항목	측정방법
주축의 시동, 정지 및 운전조작	▶ 주축의 정회전 및 역회전에 대하여 시동과 정지를 10회 실시하여 작동의 확실성을 시험
주축 속도의 변환 조작	▶ 표시된 속도 범위에 걸쳐서 주축 속도를 변환하여 조작장치의 원활성과 지시의 확실성을 시험
이송량의 변환 조작	▶ 적당한 한가지 주축 속도에서 표시된 모든 이송으로 이송량을 변환하여, 그 조작 장치의 작동의 원활성과 지시의 확실성을 검사
새들 또는 램의 수동조작	▶ 수동에 의하여 새들 또는 램을 이동시켜서 움직이는 온 길이에 절쳐 작동의 원활성과 균일성을 검사
가로 이송대 및 왕복대의 수동 조작	▶ 수동에 의하여 가로 이송대 및 왕복대를 이동시켜 움직이는 온 길이에 걸쳐 작동의 원활성과 균일성을 검사
자동 이송 및 급송 이송의 착탈 및 장치의 조작	▶ 새들, 램 왕복대 및 가로 이송대에 대하여 자동 이송, 급 이송의 착탈 및 이송 역전의 조작을 하고 작동의 원활성과 확실성을 검사
자동 정지 장치의 조작	▶ 자동 정지 장치의 지령 위치의 설정 및 작동에 대하여 원활성과 확실성을 검사
체결 조작	▶ 새들, 램 왕복대 및 가로 이송대의 각 체결 기구에 대하여 각각 움직임의 임의의 한 위치에서 체결하여 확실성을 검사
터릿 또는 드럼의 분할 조작	▶ 터릿 또는 드럼의 분할 조작을 실시하여 작동의 원활성과 확실성을 검사
4각 공구대의 분할 조작	▶ 4각 공구대의 분할 조작을 실시하여 작동의 원활성과 확실성을 검사
공구의 부착	▶ 공구 부착의 확실성과 나사 체결 조작의 원활성을 검사
전기 장치	▶ 운전 시험 전후에 각각 1회 절연 상태를 시험
안전 장치	▶ 작업자에 대한 안전성과 기계 방호 기능의 확실성을 시험
윤활 장치	▶ 유량의 적정한 배분 등 기능 확실성 시험
유압 장치	▶ 유밀, 압력 조정 등 기능의 확실성을 시험
부속 장치	▶ 기능의 확실성 시험

백래쉬 검사	▶ 주축 구동계의 종합 백래쉬
	  - 주축 속도 변환 장치를 최고 및 최저 속도에 선정하여 그 각각의 경우에 대하여 주축의 1회전에 대한 1/3회전마다의 위치에서 주축을 정회전 및 역회전 방향으로 움직였을 때, 원축이 돌기 시작할 때까지의 회전각을 측정
	▶ 램 또는 새들과 수동 핸들 간의 백래쉬
	  - 수동 핸들을 돌려서 터릿 또는 드럼이 전진하기 시작하는 위치에서 수동 핸들을 역회전 시켜 터릿 또는 드럼이 후퇴하기 시작하는 위치까지의 수동 핸들의 회전각을 측정

강성 시험	▶ 주축의 휨 강성 시험 ▶ 터릿 또는 드럼의 강성 시험

검사항목	측정방법
정적 정밀도 검사	▶ 베드 활동면의 진직도 - 정밀 수준기를 베드 미끄럼면 또는 미끄럼면에 설치하고 양끝 2개소에서의 정밀 수준기의 지시 눈금값의 최대차를 측정 ▶ 주축 바깥면의 흔들림 - 주축이나 척 등의 부착부의 바깥면을 테스트 인디게이터를 대고 주축 회전 중 지시 눈금값의 최대치를 측정 ▶ 주축 플랜지 끝면인 흔들림 - 주축 플랜지 끝면의 바깥 둘레 가까이 테스트 인디게이터를 설치하고 주축 회전 중의 눈금값의 최대치를 측정하고 주축 반대쪽으로 옮겨 같은 방법으로 최대치를 측정하여 두 측정의 최대치를 계산
기타 시험	▶ 무부하 운전 검사 ▶ 부하 운전 검사 - 절삭 동력 검사, 채터링 시험, 절삭토크 시험

3. 평면 가공

(1) 밀링 머신

검사항목	측정방법
주축의 시동, 정지 및 운전 조작	▶ 적당한 하나의 주축 속도에서 정회전 및 역회전에 대하여 시동, 정지 [미동 및 제동을 포함]를 연속 10회 실시하고, 작동의 원활성 및 확실성을 시험
주축 속도의 변환 조작	▶ 표시된 전체의 속도에 대해서 주축 속도를 변환하여 조작 장치 작동의 원활성과 지시의 확실성을 시험
이송의 시동, 정지 및 운전조작	▶ 주축 헤드, 테이블 및 주축 슬리브의 각각에 대하여 적당한 하나의 이송 속도 또는 이송량으로 시동, 정지[미동을 포함]를 10회 실시하고 작동의 원활성과 확실성을 시험
이송 속도의 속도 변환	▶ 테이블의 X축 방향의 이송에 대해서는 표시된 전체 이송, 무단 변속식의 것은 최저, 중간 및 최고의 3개 이송에 대하여 이송 속도를 변환하여, 작동의 원활성과 지시의 확실성을 시험 ▶ 테이블 Y축 방향 및 주축 헤드 및 주축 슬리브와 Z축 방향의 이송에 대하여는 임의의 하나의 이송으로 위와 같은 시험 실시
수동 이송 조작	▶ 수동 이송 핸들로 주축 헤드 테이블 및 주축 슬리브를 이동시켜 움직임의 전체 길이에 걸쳐서 작동의 원활성과 균일성을 시험
기계 이송 및 급속 이송의 착탈과 그 장치의 조작	▶ 주축 헤드, 테이블 및 주축 슬리브의 각각에 기계 이송 및 급속 이송의 착탈 위치의 설정 및 작동의 원활성과 확실성을 시험
자동 정지 장치의 조작	▶ 주축 헤드, 테이블 및 주축 슬리브의 각각에 대하여 자동 장치의 위치 설정 및 작동의 원활성과 확실성을 시험

사출금형제작 설비관리

검사항목	측정방법
자동 위치 결정 장치의 조작	▶ 주축 헤드, 테이블 및 주축 슬리브의 각각에 대하여 기계 이송에 있어서의 자동 위치 결정 장치의 지령 위치 설정 및 작동의 원활성과 확실성을 시험
죔 조작	▶ 주축 헤드, 테이블 및 주축 슬리브의 각 죔 기구에 대하여 각각의 움직임의 임의의 하나의 위치에 있어서 죄어 붙여 그 확실성을 시험
공구의 부착 및 탈거	▶ 공구의 부착 및 탈거의 확실성과 원활성을 시험
이송 나사의 백래시 제거 장치	▶ 기능의 확실성을 시험
전기 장치	▶ 운전 시험의 전,후에 각각 1회 절연 상태를 시험
안전 장치	▶ 작업자에 대한 안전과 기계 방호 기능의 확실성을 시험
윤활 장치	▶ 유량의 적정한 배분 등 기능 확실성 시험
유압 장치	▶ 유밀, 압력 조정 등 기능의 확실성을 시험
부속 장치	▶ 기능의 확실성 시험
백래시 시험	▶ 주축 구동계의 백래시 - 주축 속도 변환 장치를 최고 및 최저 속도에 설정하고 각각에 대하여 주축을 정 및 역의 방향으로 움직였을 때, 원축이 회전하기 시작할 때 까지의 회전각 측정 ▶ 주축 헤드 및 주축 슬리브의 Z축 방향 이송 나사계의 백래시 - 주축 헤드 및 주축 슬리브의 각각에 대하여 Z축 방향의 이송 나사를 회전 하였을 때, 나사를 역전하여 역의 방향으로 움직이기 시작할 때까지의 수동 이송 핸들축의 회전각을 측정 ▶ 테이블 이송 나사계의 백래시 - 테이블 X축 방향 및 Y축 방향의 각각에 대하여 이송 나사를 회전하였을 때, 테이블이 이동하기 시작하는 위치로부터 나사를 역전하여 역의 방향으로 움직이기 시작할 때까지의 수동 이송 핸들 축의 회전각을 측정
주축과 테이블의 종합 강성	▶ 주축에 부착한 아버와 테이블의 사이에 X축, Y축 및 Z축 방향의 각각에 대하여 하중을 가하였을 때의 주축과 테이블면과의 상대 경사의 변화를 X-Z면 및 Y-Z면 내에서 측정
정적 정밀도 검사	▶ 베드 미끄럼면의 진직도 - 정밀 수준기를 베드 미끄럼면 위에 설치하고 중앙 및 양끝의 3곳에 있어서 정밀 수준기 지시 눈금값의 최대차를 측정 ▶ 테이블 윗면의 평면도 - 테이블 X축 및 Y축 방향의 움직임의 중앙에 놓고 정밀 수준기를 테이블 윗면에 설치하여 중앙 및 양끝의 3곳에 있어서 정밀 수준기 지시 눈금값의ㅣ 최대차를 측정 ▶ 주축 바깥면 흔들림 - 정지한 테스트 인디게이터를 주축 바깥면에 대고, 주축 회전 중의 지시 눈금값의 최대차를 측정 ▶ 주축 끝면의 흔들림 - 정지한 테스트 인디게이터를 주축 끝면의 바깥 원둘레 근처에 대고 주축 회전 중의 지시 눈금값의 최대치 측정

검사항목	측정방법
공작 정밀도 검사	▶ 주축 구멍 내면의 흔들림 - 주축 구멍에 테스트바를 꽂고 그 초입 및 선단에 테스트 인디게이터를 대고 주축 회전중의 지시 눈금값의 최대차를 측정 ▶ 윗면 절삭의 정밀도 - 공작물의 테이블 위에 부착하고 윗면의 다듬질 절삭을 실시하고, 다듬질 면에 테스트 인디게이터를 대고 진직도 및 단차를 측정 ▶ 측면 절삭의 정밀도 - 공작물을 테이블 위에 부착하고 측면 상부의 다듬질 절삭을 실시하고 다듬질 면에 대로 있는 테스트 인디게이터를 다듬질면에 평행한 기준면에 댄 채로 이동시켰을 때 지시 눈금값의 최대차를 측정

(2) 머시닝센터

검사항목	측정방법
주축의 시동, 정지 및 운전 조작	▶ 적당한 하나의 주축 속도에서 정회전 및 역회전에 대하여 시동, 정지 [미동 및 제동을 포함]를 연속 10회 실시하고, 작동의 원활성 및 확실성을 시험
주축 속도의 변환 조작	▶ 표시된 전체의 속도에 대해서 주축 속도를 변환하여 조작 장치 작동의 원활성과 지시의 확실성을 시험
이송의 시동, 정지 및 운전조작	▶ 주축 헤드, 테이블 및 주축 슬리브의 각각에 대하여 적당한 하나의 이송 속도 또는 이송량으로 시동, 정지[미동을 포함]를 10회 실시하고 작동의 원활성과 확실성을 시험
이송 속도의 속도 변환	▶ 테이블의 X축 방향의 이송에 대해서는 표시된 전체 이송, 무단 변속식의 것은 최저, 중간 및 최고의 3개 이송에 대하여 이송 속도를 변환하여, 작동의 원활성과 지시의 확실성을 시험 ▶ 테이블 Y축 방향 및 주축 헤드 및 주축 슬리브와 Z축 방향의 이송에 대하여는 임의의 하나의 이송으로 위와 같은 시험 실시
수동 이송 조작	▶ 수동 이송 핸들로 주축 헤드 테이블 및 주축 슬리브를 이동시켜 움직임의 전체 길이에 걸쳐서 작동의 원활성과 균일성을 시험
기계 이송 및 급속 이송의 착탈과 그 장치의 조작	▶ 주축 헤드, 테이블 및 주축 슬리브의 각각에 기계 이송 및 급속 이송의 착탈 위치의 설정 및 작동의 원활성과 확실성을 시험
자동 정지 장치의 조작	▶ 주축 헤드, 테이블 및 주축 슬리브의 각각에 대하여 자동 장치의 위치 설정 및 작동의 원활성과 확실성을 시험
자동 위치 결정 장치의 조작	▶ 주축 헤드, 테이블 및 주축 슬리브의 각각에 대하여 기계 이송에 있어서의 자동 위치 결정 장치의 지령 위치 설정 및 작동의 원활성과 확실성을 시험
죔 조작	▶ 주축 헤드, 테이블 및 주축 슬리브의 각 죔 기구에 대하여 각각의 움직임의 임의의 하나의 위치에 있어서 죄어 붙여 그 확실성을 시험
공구의 부착 및 탈거	▶ 공구의 부착 및 탈거의 확실성과 원활성을 시험
이송 나사의 백래시 제거 장치	▶ 기능의 확실성을 시험
전기 장치	▶ 운전 시험의 전,후에 가각 1회 절연 상태를 시험

사출금형제작 설비관리

검사항목	측정방법
안전 장치	▶ 작업자에 대한 안전과 기계 방호 기능의 확실성을 시험
윤활 장치	▶ 유량의 적정한 배분 등 기능 확실성 시험
유압 장치	▶ 유밀, 압력 조정 등 기능의 확실성을 시험
부속 장치	▶ 기능의 확실성 시험
백래시 시험	▶ 주축 구동계의 백래시 - 주축 속도 변환 장치를 최고 및 최저 속도에 설정하고 각각에 대하여 주축을 정 및 역의 방향으로 움직였을 때, 원축이 회전하기 시작할 때 까지의 회전각 측정 ▶ 주축 헤드 및 주축 슬리브의 Z축 방향 이송 나사계의 백래시 - 주축 헤드 및 주축 슬리브의 각각에 대하여 Z축 방향의 이송 나사를 회전 하였을 때, 나사를 역전하여 역의 방향으로 움직이기 시작할 때까지의 수동 이송 핸들축의 회전각을 측정 ▶ 테이블 이송 나사계의 백래시 - 테이블 X축 방향 및 Y축 방향의 각각에 대하여 이송 나사를 회전하였을 때, 테이블이 이동하기 시작하는 위치로부터 나사를 역전하여 역의 방향으로 움직이기 시작할 때까지의 수동 이송 핸들 축의 회전각을 측정
주축과 테이블의 종합 강성	▶ 주축에 부착한 아버와 테이블의 사이에 X축, Y축 및 Z축 방향의 각각에 대하여 하중을 가하였을 때의 주축과 테이블면과의 상대 경사의 변화를 X-Z면 및 Y-Z면 내에서 측정
정적 정밀도 검사	▶ 베드 미끄럼면의 진직도 - 정밀 수준기를 베드 미끄럼면 위에 설치하고 중앙 및 양끝의 3곳에 있어서 정밀 수준기 지시 눈금값의 최대차를 측정 ▶ 테이블 윗면의 평면도 - 테이블 X축 및 Y축 방향의 움직임의 중앙에 놓고 정밀 수준기를 테이블 윗면에 설치하여 중앙 및 양끝의 3곳에 있어서 정밀 수준기 지시 눈금값의 l 최대차를 측정 ▶ 주축 바깥면 흔들림 - 정지한 테스트 인디게이터를 주축 바깥면에 대고, 주축 회전 중의 지시 눈금값의 최대차를 측정 ▶ 주축 끝면의 흔들림 - 정지한 테스트 인디게이터를 주축 끝면의 바깥 원둘레 근처에 대고 주축 회전 중의 지시 눈금값의 최대치 측정 ▶ 주축 구멍 내면의 흔들림 - 주축 구멍에 테스트바를 꽂고 그 초입 및 선단에 테스트 인디게이터를 대고 주축 회전중의 지시 눈금값의 최대차를 측정
공작 정밀도 검사	▶ 윗면 절삭의 정밀도 - 공작물의 테이블 위에 부착하고 윗면의 다듬질 절삭을 실시하고, 다듬질 면에 테스트 인디게이터를 대고 진직도 및 단차를 측정 ▶ 측면 절삭의 정밀도 - 공작물을 테이블 위에 부착하고 측면 상부의 다듬질 절삭을 실시하고 다듬질 면에 대로 있는 테스트 인디게이터를 다듬질면에 평행한 기준면에 댄 채로 이동시켰을 때 지시 눈금값의 최대차를 측정

4. 표면 연삭

(1) 평면 연삭기

검사항목	측정방법
테이블의 길이 방향 운동(X축)의 진직도	▶ 수직 ZX면내 및 수평 XY 면내의 측정길이 1000mm에 대하여 0.01 ▶ 테이블 길이 1000mm 증가 이전 허용값에 0.01을 더한다.
테이블의 길이 방향 운동(X축)의 각도편차	▶ ZX면 내에서 0.04 / 1000 ▶ YZ면 내에서 0.02 / 1000
숫돌 헤드의 상하 운동(Z축)의 진직도 및 테이블 윗면과 숫돌 헤드의 상하 운동과의 직각도	▶ 수직 ZX면 내 및 수직 YZ면내에서 측정길이 300에 대하여 0.02
칼럼의 전후 방향 운동(Y축)의 진직도	▶ 수직 ZX면 내 및 수평 XY면내에서 측정길이 1000에 대하여 0.01 ▶ 테이블 길이가 1000 증가하면 이전 허용값에 0.01을 더한다.
칼럼의 전후 방향 운동(Y축)의 각도 편차	▶ ZX면내에서(롤 EBY) 0.02 / 1000 ▶ YZ면내에서(피치 EAY) 0.04 / 1000
테이블 윗면의 평면도	▶ 측정 길이 1000까지는 0.01 ▶ 테이블 길이가 1000 증가하면 이전 허용값에 0.01을 더한다. ▶ 최대 허용값 : 0.04 ▶ 부분 허용값 : 측정 길이 300에 대해서 0.005

테이블 윗면과 다음 운동과의 평행도	▶ 테이블 길이 방향 운동(X축)은 0.010 x L / 1000
	  대체 검사의 경우 0.007 x L / 1000
	▶ 테이블의 길이 방향 운동(Y축)은 0.007 x L / 1000
	  대체 검사의 경우 0.007 x L / 1000
	여기서 L은 측정 길이이다.

중앙 또는 기준 T홈과 테이블의 길이 방향 운동(X축)과의 평행도	▶ 측정길이 1000까지는 0.015 ▶ 테이블 길이가 1000 증가하면 이전 허용값은 0.01을 더한다. ▶ 최대 허용값 : 0.05 ▶ 부분 허용값 : 측정 길이 300에 대해서 0.008
숫돌 주축 끝의 흔들림	▶ 허용값 0.005
숫돌축의 주기적인 축 방향 움직임	▶ 허용값 0.005
숫돌축과 테이블 윗면과의 직각도	▶ X방향 ZX면내 및 Y축 방향 ZY면내에서 $0.01/300^{a}$
가공 정확정밀도 검사	▶ 5개의 원통형 또는 직사각형 가공물의 연삭 - 가공물의 작업면의 횟수는 가능한 한 작아야 한다. 예를 들면 50mm x 50mm의 직사

사출금형제작 설비관리

검사항목	측정방법
	각형 또는 지름 50mm ▶ 1) 가공물 간의 거리가 1000보다 작거나 같은 경우 : 가공물 간 거리 300에 대하여 0.005(가공물 간의 거리가 300보다 작은 경우에는 허용값에 비례하여 적용하되 0.001 미만은 안 된다.) ▶ 2) 가공물 간의 거리가 1000보다 큰 경우 : 측정 길이 1000mm가 증가함에 따라 0.01을 더한다. ▶ 최대 허용값 : 0.05 ▶ 직사각형 가공물의 1회 연삭 - 가공물의 재질은 다음 중의 한 가지로 한다. a)주철, b)탄소강 ▶ 측정 길이 300에 대하여 0.005 ▶ 최대 허용값 : 0.03

(2) 원통 연삭기

검사항목	측정방법
숫돌축의 시동, 정지 및 운전 조작	▶ 적당한 일정의 숫돌축 속도로 시동, 정지를 연속 10회 실시하여 작동의 원활성과 확실성을 시험 내면 숫돌축에 대해서도 이 시험을 실시한다.
숫돌축의 속도의 변환 조작	▶ 표시된 전체 속도에 대하여 숫돌축 속도를 변환하여 조작 장치의 작동의 원활성 및 지시의 확실성을 시험 내면 숫돌축에 대해서도 이 시험을 실시한다.
공작 주축의 시동, 정지 및 운전 조작	▶ 적당ㄹ한 일정의 공작 주축 속도로 시동, 정지(이동 및 제동을 포함한다)를 연속 10회 실시하여 작동의 원활성 및 확실성을 시험
공작 주축 속도의 변환 조작	▶ 테이블 이송 속도를 최저에서 최고로 변환하여 작동의 원활성 및 지시의 확실성을 시험
숫돌 기동 이송량 및 이송 속도의 변환 조작	▶ 기동 이송량을 최소에서 최대로 변환하고 또한 기동 이송 속도를 최저에서 최고로 변환하여 각각의 작동의 원활성 및 지시의 확실성을 시험
테이블 자동 역전의 조작	▶ 테이블을 최저 및 최고 속도로 운전하여 자동 역전(태리를 포함한다)의 위치의 설정 및 작동에 대해서 각각의 원활성 및 확실성을 시험
테이블 수동 이송 핸들의 조작	▶ 수동 이송 핸들에 의해서 테이블을 좌우로 이동시켜 움직인 온 길이에 걸쳐서, 작동의 원활성 및 균일성을 시험
숫돌 이송의 수동 이송 핸들의 조작	▶ 숫돌대를 전후로 이동시켜 움직인 온 길이에 걸쳐서 작동의 원활성 및 균일성을 시험
테이블 기동 이송의 릴리프 및 그 장치의 조작	▶ 테이블 기계 이송의 릴리프 위치의 설정 및 작동에 대하여 각각의 작동의 원활성 및 확실성을 시험
숫돌 기동 이송 자동 정지 장치의 조작	▶ 숫돌 기동 이송의 자동 정지 장치의 지령 위치의 설정 및 작동에 대하여 각각 확실성을 시험
테이블 기동 이송 자동 정지 장치의 조작	▶ 테이블 기동 이송의 자동 정지 장치의 지령 위치의 설정 및 작동에 대하여 각각 확실성을 시험

단원명 2 정밀도 유지보수하기

검사항목	측정방법
심압축의 조작	▶ 수동 또는 기동에 의해서 심압축을 이동시켜 움직인 온 길이에 걸쳐서 작동의 원활성 및 균일성을 시험
테이블의 선회 및 고정 조작	▶ 테이블의 소정의 선회 범위에 걸쳐서 선회의 원활성 및 임의의 한 위치에 있어서 고정의 확실성을 시험
공작 주축대의 선회 및 고정 조작	▶ 공작 주축대의 선회의 원활성 및 임의의 한 위치에 있어서 고정의 확실성을 시험
숫돌대의 선회 및 고정 조작	▶ 숫돌대의 테이블 위에서 이동하여 그 움직임의 원활성 및 임의의 한 위치에 있어서 고정의 확실성을 시험
공작 주축대 및 심압대의 이동과 고정 조작	▶ 공작 주축대 및 심압대를 테이블 위에서 이동하여 각각 움직임의 원활성 및 임의의 한 위치에 있어서 고정의 확실성을 시험 조정식 숫돌대에 대하여도 이 시험을 실시한다.
숫돌의 부착 및 탈거	▶ 숫돌의 부착 및 탈거의 확실성과 나사 고정 조작의 원활성을 시험
전기 장치	▶ 운전 시험의 전후에 각각 1회 절연 상태를 시험
안전 장치	▶ 작업자에 대한 안전 및 기계 방호 기능의 확실성을 시험
윤활 장치	▶ 유밀, 유량의 적당한 배분 등 기능의 확실성을 시험
유압 장치	▶ 유밀, 압력 조정 등 기능의 확실성을 시험
부속 장치	▶ 기능의 확실성을 시험
연삭 동력 시험	▶ 공작물 - 재료 : 열처리를 실시해서 HRC40 이상인 KS D 3752에 규정한 SM 45 또는 KS D 3711에 규정한 SCM 3을 원칙으로 한다. - 모양 : 원통 연삭에 대해서는 표 1에 의하고, 내면 연삭에 대해서는 안지름은 25~50mm, 길이는 안지름의 1~1.5배로 한다. 표 1 | 센터 사이의 거리	바깥 지름(약)	연삭길이(약)
---	---	---
180 이하	20	80
180 초과 300 이하	30	150
300 초과 500 이하	40	250
500 초과 1000 이하	60	400
1000 초과 2000 이하	90	700
2000 초과 3000 이하	100	1000 | 단위 : mm ▶ 숫돌표 2에 따름을 원칙으로 한다(KS L 6501 참조). 표 2 | 종 류	WA
입 도	46, 54, 60
결합도	I, J, K, L
조 직	6~9
결합체	V | ▶ 연삭유 KS M 2173에 규정한 W2 또는 3종으로 한다. ▶ 연삭조건 - 숫돌 원둘레 속도 : 기계의 시방에 따른 속도

검사항목	측정방법	
	- 공작물 원둘레 속도 : 숫돌 원둘레 속도의 1 / 60 ~ 1 / 100 - 트레버스 속도 : 공작물 1회전당 숫돌차 나비의 1 / 4 이상 - 이송(지름으로) : 0.005mm 이상 - 숫돌차의 수정 속도 : 숫돌 1회전당 0.05 ~ 0.3mm	
공작 주축 및 심압축의 굽힘 강성	▶ 공작 주축 및 심압축 센터 사이에 공작물을 지지하고, 공작물의 중앙부에 수평 방향으로 하중(p)을 가했을 때의 공작 주축 센터 및 심압축 센터의 수평 방향의 변위를 측정한다. 하중(p)은 숫돌차의 나비 10mm마다 49N으로 하고, 최고 588N을 초과하지 않는 것으로 한다. 공작물은 부하 운전 시험에 쓰인 것과 대체로 동등의 것으로 한다. 변위는 테이블을 기준으로 하여 각각의 센터 측면에서 측정한다.	
숫돌 이송 장치의 강성	숫돌대를 임의의 한 위치에 놓고 정치한 테스트 인디케이터를 숫돌대 앞면에 대고 0.005mm 정도씩 전진시키면서 매회의 숫돌대의 전진량을 측정하여 표시값과 실제값을 비교한다. 이 경우에 숫돌대의 전체 이동량은 0.05mm 정도로 한다.	
숫돌대의 자동 정지 위치의 균일성에 관한 강성	정치한 테스트 인디케이터를 숫돌대 앞면의 좌우 양 끝에 대고 10회 자동 정지 장치를 10회 작동시켰을 때의 숫돌대의 정지 위치의 흐트러짐을 측정한다.	
테이블 선회의 강성	▶ 정치한 테스트 인디케이터를 테이블 앞면의 좌우 양 끝부분에 대고 테이블의 한 끝을 움직여서 테이블을 선회시켜 테이블의 다른 끝이 움직이기 시작하는 때의 위치를 기준으로 하고 다음에 테이블을 반대 방향으로 선회시켜 다른 끝이 움직이기 시작할 때까지의 움직인 구동측의 거리를 측정값으로 한다.	
베드 미끄럼 면의 진직도	▶ 좌우 방향 : 정밀 수준기를 베드 미끄럼면 위에 놓고 동일 미끄럼면 온 길이에 걸쳐 적어도, 1000rpm마다 정밀 수준기의 눈금값의 최대값을 측정값으로 한다. ▶ 허용값 : 0.04 / m ▶ 전후 방향 : 정밀수준기를 베드 미끄럼면 위에 걸쳐 놓은 직각자 위에 놓고 적어도 중앙 및 양 끝의 3개소에 있어서 정밀 수준기의 눈금값의 최대차를 측정값으로 한다. ▶ 허용값 : 0.04 / m	
테이블 운동의 진직도	a) 수직면 내에서	▶ 곧은 자를 테이블 위에 놓고 정치한 테스트 인디케이터를 이것에 대고 테이블을 이동시켜 온 이동거리에서 임의의 1000mm에 대하여 테스트 인디케이터의 눈금값의 최대차를 구하고 그 최대값을 측정값으로 한다. 또는 평면 거울을 테이블 위에 놓고 테이블을 이동시켜 그 각도의 변화를 오토콜리메터로 측정하여 진직도로 환산한 값을 측정값으로 한다. ▶ 허용값 : 1000에 대하여 0.01
	b) 수평면 내에서	
테이블 운동과 주축대 및 심압대 안내면과의 평행도	a) 윗면에서	▶ 정치한 테스트 인디케이터를 안내면 윗면에 2개소 및 앞면에 1개소에 대고 테이블을 이동시켜 각각 온 이동 거리에 있어서 테스트 인디케이터의 눈금값의 최대차를 측정값으로 한다. ▶ 허용값 : 테이블 이동거리 1000에 대하여 0.01 임의의 300에 대하여 0.003을 초과해서는 안 된다.
	b) 앞면에서	
공작 주축 구멍의 흔들림	▶ 공작 주축 구멍에 테스트 바를 끼워 넣고 그 초입 및 끝에 테스트 인디케이터를 대고 공작 주축 회전중의 눈금값의 최대차를 측정값으로 한다. ▶ 허용값 : 테스트 바의 초입에서 0.005 300의 위치에서 0.015	

검사항목	측정방법		
테이블 운동과 공작 주축 중심선과의 평행도	a) 수직면 내에서	▶ 공작 주축 구멍에 테스트 바를 끼워 놓고 정치한(보기를 들면, 숫돌대에) 테스트 인디케이터를 테스트 바에 대고 테이블을 이동시켜, 테스트 인디케이터의 눈금 값의 최대값을 측정값으로 한다.	▶ 허용값 : 300에 대하여 0.02 테스트 바는 앞으로 처져서는 안된다.
	b) 수평면 내에서		▶ 허용값 : 300에 대하여 0.01테스트 바는 앞으로 굽어서는 안된다.
센터의 흔들림	▶ 공작 주축 구멍에 센터를 끼우고 센터의 원뿔면에 직각으로 테스트 인디케이터를 대어, 공작 주축 회전중의 눈금값의 최대값을 측정값으로 한다. ▶ 허용값 : 0.005		
공작 주축 끝면의 떨림	▶ 공작 주축 플랜지 끝면의 바깥 둘레 근처에 테스트 인디케이터를 대고 공작 주축 회전 중의 눈금값의 최대차를 구하고, 테스트 인디케이터를 공작 주축에 대하여 반대측에 이동하여 같은 측정을 실시하고, 눈금값의 최대차 중 큰 것을 측정값으로 한다. ▶ 허용값 : 0.01		
테이블 운동과 심압축 테이퍼 구멍 중심선과 평행도	a)수직면 내에서	▶ 십압축의 테이퍼 구멍에 테스트 바를 끼우고, 정치한(보기를 들면 숫돌대에 테스트 인디케이터를 이것에 대고, 테이블을 이동시켜 테스트 인디케이터의 눈금 값의 최대차를 측정값으로 한다.	▶ 허용값 : 300에 대하여 0.02 테스트 바는 앞으로 굽어서는 안 된다.
	b)수평면 내에서		▶ 허용값 : 300에 대하여 0.01 테스트 바는 앞으로 처저서는 안 된다.
공작 주축대와 심압대 양센터 사이의 어긋남의 정도	a)수직면 내에서	▶ 공작 주축대와 심압대 센터 사이에 테스트 바를 장치하고, 정치한(보기를 들면 숫돌대에) 테스트 인디케이터를 이것에 대고, 테이블을 이동시켜 테스트 바의 양 끝에 있어서 눈금값의 최대차를 측정값으로 한다.	▶ 허용값 : 0.02 심압대는 낮아서는 안 된다.
	b)수평면 내에서		▶ 허용값 : 0.01
숫돌축 끝단 원뿔면의 흔들림	▶ 숫돌축의 원뿔면에 직각으로 테스트 인디케이터를 대고, 숫돌축의 회전중에 눈금값의 최대차를 측정값으로 한다. ▶ 허용값 : 0.005		
숫돌축 축방향의 움직임	▶ 숫돌축 끝 센터 구멍에 강구를 넣고 강구에 테스트 인디케이터를 대고 숫돌축 회전중의 눈금값의 최대차를 측정값으로 한다. ▶ 허용값 : 0.005		
테이블 운동과 숫돌축 중심선과의 평행도	a)수직면 내에서	▶ 테스트 바를 숫돌축에 끼우고 테이블 위에 정치한 테스트 인디케이터를 이것에 대고 테이블을 이동시켜 테스트 인디케이터의 눈금값의 최대차를 측정값으로 한다.	▶ 허용값 : 100에 대하여 0.01
	b)수평면 내에서		▶ 허용값 : 100에 대하여 0.01
테이블 운동과 숫돌대의 전후 운동과의 직각도	▶ 테이블 위에 테이블의 좌우 운동과 평행으로 직각자의 일변을 놓고 숫돌대에 정치한 테스트 인디케이터를 다른 일변에 대고 숫돌대를 전후로 이동시켜 테스트 인디케이터의 눈금값의 최대차를 측정값으로 한다. ▶ 허용값 : 움직인 온 길이에 대하여 0.01		

사출금형제작 설비관리

검사항목	측정방법		
숫돌축 중심선과 공작 주축 중심선과의 높이의 차	▶ 테스트 바를 숫돌축과 공작 주축에 끼우고, 테이블 선회면에 평행으로 정치한 정반의 테스트 인디케이터를 이것에 대고 눈금값의 차를 측정값으로 한다. ▶ 허용값 : 0.2		
숫돌대의 전후 위치에서의 숫돌축의 높이의 차	▶ 테이블 선회면에 평행으로 정치한 정반에 테스트 인디케이터를 놓고 이를 숫돌축에 끼운 테스트 바에 대고 숫돌대를 전후로 이동시켜 테스트 인디케이터의 눈금값의 차를 측정값으로 한다. ▶ 허용값 : 움직인 온 길이에 대하여 0.05 숫돌대를 선회할수 있는 경우에는 0.03		
숫돌대의 선회 위치에 있어서의 숫돌축 중심선의 기울기	▶ 테이블 선회면에 평행으로 정치한 정반에 테스트 인디케이터를 놓고 이를 숫돌축에 끼운 테스트 바의 끝에 대고 테스트 인디케이터의 눈금값을 구한 다음 숫돌대를 약 45도 선회 시키고 같은 측정을 실시하여 구한 눈금값의 차를 측정값으로 한다. ▶ 허용값 : 0.05		
공작 주축대의 선회 위치에 공작 주축 중심선의 높이의 차	▶ 테이블 선회면에 평행으로 정치한 정반 위에 테스트 인디케이터를 놓고 이를 공작 주축에 끼운 테스트 바의 선단에 대고, 테스트 인디케이터의 눈금값을 구한 다음, 공작 주축대를 45도 선회하여, 같은 측정을 실시하고, 그 눈금값의 차를 측정값으로 한다. ▶ 허용값 : 0.02		
내면 숫돌축의 흔들림	▶ 내면 숫돌축의 초입에 테스트 인디케이터를 대고, 숫돌축 회전중의 눈금값의 최대차를 측정값으로 한다. ▶ 허용값 : 0.005		
내면 숫돌축 축방향의 움직임	▶ 내면 숫돌축 끝의 센터 구멍에 강구를 넣고, 그 강구에 테스트 인디케이터를 대고, 숫돌축 회전중의 눈금값의 최대차를 측정값으로 한다. ▶ 허용값 : 0.005		
테이블 운동과 내면 숫돌축 베어링 중심선과의 평행도	a)수직면 내에서	▶ 테스트 바를 내면 숫돌축 베어링에 부착하고, 테이블 위에 정치한 테스트 인디케이터를 이것에 대고, 테이블을 이동시켜, 테스트 인디케이터의 눈금값의 최대차를 측정값으로 한다.	▶ 허용값 : 100에 대하여 0.02
	b)수평면 내에서		▶ 허용값 : 100에 대하여 0.02
내면 숫돌축 중심선과 공작 주축 중심선과의 높이	▶ 테스트 바를 공작 주축 구멍에 끼우고, 내면 숫돌축에 부착한 테스트 인디케이터를 이것에 대고, 회전하여 수평면내의 테스트 인디케이터의 눈금값을 일치시켰을 때, 수직면 내의 테스트 인디케이터의 눈금값 차이의 $\frac{1}{2}$을 측정값으로 한다. ▶ 허용값 : 0.03		
숫돌축 중심선과 수정 장치 운동과의 평행도	A면 내에서	▶ 테스트 바를 숫돌축에 끼우고, 수정 장치에 정치한 테스트 인디케이터를 이것에 대고, 수정 장치를 이동시켜, 서로 직교하는 A면 및 B면 내에서 각각 테스트 인디케이터의 눈금값의 최대차를 측정값으로 한다.	▶ 허용값 : 100에 대하여 0.01
	B면 내에서		▶ 허용값 : 100에 대하여 0.01
원통 연삭의 정밀도	▶ 공작물을 양 센터를 지지하고 연삭하여 양 끝으로부터 약간 떨어진 내측과 중앙을 포함한 3개소 이상에 있어서 진원도를 측정하고 각 개소에 있어서 지름의 차로 원통도를 측정한다. 진원도는 축을 포함하여 약 45도의 각도 간격을 이루는 4평면에 대하여 상기 각 측정 개소마다 4지름의 최대차를 구하고 그 최대값을 측정값으로 한다. 원통도는 상기 4평면에 대하여 각 동일 평면 내에 있어서의 지름 최대차를 구하고 그 최대값을 측정값으로 한다.		

검사항목	측정방법
내면 연삭의 정밀도	▶ 공작물을지지 기구에 부착하고 내면을 연삭하여 끝에서 약간 떨어진 내측에 있어서의 진원도를 측정한다. 진원도는 동심의 최대 접원과의 지름차를 측정값으로 한다.
원통 플랜지 연삭의 기정 치수 정밀도	▶ 공작물을 양 센터로 지지하고 연삭하여 끝으로부터 일정 위치에서 지름의 상호차를 측정한다. 상호차는 개개의 공작물의 직각 2방향 치수의 평균값에 대하여 20개 중의 최대값과 최소값과의 차를 측정값으로 한다.

5. 방전 가공

(1) 와이어 방전가공기

검사항목	측정방법
위치결정 검사	▶ X, Y, Z, U 및 V축에만 적용 ▶ 환경 조건, 기계의 예열, 측정 방법 및 결과의 해석을 위하여 KS B ISO 230-2를 참조
원호 검사	▶ KS B ISO 230-4 참조
정확 정밀도 검사	▶ X축 방향 운동의 진직도 검사 - XY수평면과 ZX수직면 임의의 500mm 구간에 대하여 0.015 ▶ Y축 방향 운동의 진직도 검사 - XY수평면과 YZ수직면 임의의 500mm 구간에 대하여 0.015 ▶ X축 운동과 Y축 운동과의 직각도 검사 - 수평면과 수직면 임의의 측정길이 300mm에 대하여 0.015 ▶ Z축 운동과의 직각도 검사 - X축과 Y축 임의의 측정길이 300mm에 대하여 0.02
가공물 고정 프레임 윗면의 평면도 검사	▶ 정밀 수준기를 가공물 고정 프레임의 윗면에 설치하고 X와 Y 방향으로 정밀 수준기 외 길이에 해당하는 단계별로 이동하면서 지시값 기록 ▶ 얌면 프레임의 경우, Y축 방향으로 양면의 평면도를 검사한 다음 X축 방향으로 브리지를 이용하여 평면도를 검사
가공물 고정 프레임의 평행도 검사	▶ X축과 Y축 측정길이 300mm에 대하여 0.015 ▶ 곧은자를 게이지 블록위에 X축 방향으로 놓고, 측정길이를 따라 X축을 이동한 후 다이얼 게이지의 지시값을 기록 ▶ 동일한 방법으로 Y축 방향에 대해서도 검사를 반복 실시
자리고정 핀 또는 가공물 고정 프레임의 기준면과 자리 고정 핀과의 평행도 검사	▶ X축 운동과 Y축 운동의 측정길이 300mm에 대하여 0.015 ▶ 다이얼 게이지 지지대를 헤드위에 부착하고 곧은자의 기준면이 자리 고정핀에 접촉하도록 곧은자를 수평으로 놓고 다이얼 게이지를 곧은자의 기준면에 설치하고 측정 길이에 따라 X축 Y축을 이동하고 다이얼 게이지의 지시값을 기록 ▶ 다이얼 게이지를 직접 자리 고정핀 아래에 설치하고 지시값의 차 기록도 가능
X축 운동과 U축 운동과의 평행도 검사	▶ ZX면내 측정길이 100mm에 대하여 0.030 ▶ XY면내 측정길이 100mm에 대하여 0.015 ▶ 곧은자를 ZX면내에서 X축 이동에 평행하게 놓고 다이얼 게이지를 설치하여 측정, 측정 길이를 따라 U축을 이동시키고 다이얼 게이지 지시값을 기록 ▶ XY면내에서도 동일한 방법으로 검사를 반복하여 실시

사출금형제작 설비관리

검사항목	측정방법
가공 검사	▶ 마무리 단계에서 가공된 구멍의 진원도 및 방향의 직각도 ▶ 가공형상 　- 구멍 지름 : φ30~φ35mm　- 구멍 깊이 : 40mm ▶ 가공물 　- 재질 : 강 (최소 80*80mm) - 두께 : 40mm ▶ 와이어 전극 　- 재질 : 황동　　- 와이어 지름 : φ0.2 ~ φ0.3mm
원형 검사	▶ 원운동의 원형 히스테리스와 원형 편차 검사
이송시동, 정지 및 이송속도의 변환 검사	▶ 테이블의 X축, Y축, Z축 및 테이퍼 가공 장치의 U축, V축 방향의 각각에 대하여 표시의 적어도 최저, 중간 및 최고의 세 가지 이송속도 및 급속 이송으로 이송 속도를 변환하고, 각 이송의 정,부에 대하여 시동, 정지를 행하고 그 작동의 원활성과 확실성을 검사
미동	▶ 테이블의 X축, Y축, Z축 및 테이퍼 가공 장치의 U축, V축 방향의 각각에 대하여 미동 조작을 하여 그 작동의 원활성과 기능의 확실성을 검사
테이블 이동 한도 자동 정지 장치의 조작	▶ 테이블의 X축, Y축, Z축 및 테이퍼 가공 장치의 U축, V축 방향의 각각에 대하여 급속 이송으로 이동 한도 자동 정지를 시행하고 그 작동의 원활성과 기능의 확실성을 검사
와이어 장력 조정 장치의 조작	▶ 와이어 장력 조정 장치의 모든 것에 대하여 조작 장치 작동의 원활성과 지시의 확실성을 검사
와이어 전극 주행 속도의 변환과 장치의 조작	▶ 와이어 전극 주행 속도를 최저, 중간 및 최고 속도로 변환하고 조작 장치 작동의 원활성과 지시의 확실성을 검사
와이어 전극 수직 조정 장치의 조작	▶ 와이어 전극 수직 조정 장치를 조정 범위의 온길이에 걸쳐 작동시키고 작동의 원활성과 지시의 확실성을 검사
Z축 슬라이더의 조작	▶ Z축 슬라이더를 조정 범위의 온길이에 걸쳐 작동시켜서 작동 및 쥠의 원활성과 확실성을 검사
가공액 조정장치	▶ 액압 또는 유량 조정 밸브의 조작 원활성과 압력계 또는 유량계 지시의 확실성을 검사
가공액 공급장치	▶ 가공액 정화 기능의 확실성과 전기 비저항 표시의 확실성을 검사
와이어 전극의 설치 및 제거	▶ 와이어 전극의 설치 및 제거의 확실성과 원활성을 검사
전기 장치	▶ 운전 검사의 전후에 각각 1회씩 절연상태를 검사
수치제어 장치	▶ 수치제어 장치의 각종 표시등, 테이프 리더, 펜 등의 작동의 원활성과 기능의 확실성을 검사
안전장치	▶ 작업자에 대한 안전과 제어계의 잘못 동작의 경우 또는 테이블 구동용 모터의 이상 동작 경우의 비상 정지 기능 등 기계 보호 기능의 확실성 검사 (KS B 4109 참조)
유압 장치	▶ 유밀, 압력 조정 등 기능의 확실성을 시험
부속 장치	▶ 기능의 확실성 시험
기타	▶ 수치제어에 의한 기능 검사 방법 　- 이송의 시동, 정지 및 이송속도의 변환 검사 　- 원점 복귀 검사 　- 기타의 기능 (프로그램 스톱, 엔드 오브 프로그램, 시퀀스 번호표시, 이송 속도 표시,

검사항목	측정방법
	옵셔널 스톱, 머신 스톱, 머신 토크, 싱글 블록이송, 와이어 지름 보정, 피치 오차 보정, 백래시보정, 위치결정, 가공 이송 제어, 축 교환, MDI 등의 기능 원활성과 확실성 검사) ▶ 와이어 장력 검사 방법 ▶ 로스트 모션 검사 방법 ▶ 최소 설정 단위 이송 검사 방법

(2) 형조 방전가공기

검사항목	측정방법
이송시동, 정지 및 이송 속도의 변환 조작	▶ X축, Y축, Z축 및 W축의 각 방향과 U축, V축의 각 방향 및 C축 둘레의 각각에 대하여, 표시가 적어도 최저, 중간 및 최고 3가지의 이송속도와 급속히 이송속도를 변환하고, 각축의 플러스·마이너스 방향에 대한 시동, 정지를 하여 그 작동의 원활성과 기능의 확실성을 시험
미동	▶ X축, Y축, Z축 및 W축의 각 방향과 U축, V축의 각 방향 및 C축 둘레의 각각에 대하여 미동조작을 하여, 그 작동의 원활성과 기능의 확실성을 시험
X축, Y축, Z축 및 W축의 이동까지 자동 정지치	▶ X축, Y축, Z축 및 W축의 각 방향에 대하여 급속이동에 한하여 자동정지를 하여, 그 작동의 원활성과 기능의 확실성을 시험
XYZ축 이송 조작	▶ XYZ축 방향의 이동을 하여, 움직임의 온 길이에 걸쳐 작동의 원활성과 균일성을 시험
조임의 조작	▶ 각 축의 조임기구에 대하여 각각 움직임의 임의의 1개 위치에서 조여 확실성을 시험
공구 전극 및 공작물의 부착 및 이탈	▶ 공구전극, 공작물 등의 부착 및 이탈의 확실성과 원활성을 시험
가공액 조정장치	▶ 액압 또는 유량 조정밸브의 조작 원활성과, 압력계 또는 유량계 지시의 확실성을 시험
가공조 및 가공액 공급장치	▶ 가공조의 유밀 및 가공액 공급장치의 정화기능의 확실성을 시험
전기 장치	▶ 운전시험의 전후에 각각 1회 절연 상태를 시험
수치 제어 장치	▶ 수치 제어장치의 각종 표시등, 테이프 리더, 팬 등의 작동의 원활성과 기능의 확실성을 시험
안전 장치	▶ 작업자에 대한 안전, 가공액의 액면·액온 등의 검출 기능의 확실성과, 제어계의 오동작의 경우 또는 가공액용 및 유압장치용 전동기의 과열, 과부하가 생긴 경우의 비상 정지기능 등의 기계 방호기능의 확실성을 시험
윤활 장치	▶ 유밀, 유량의 적정한 분배등 기능의 확실성을 시험
유압 및 공압장치	▶ 유밀, 기밀, 압력 조정 등 기능의 확실성을 시험
부속 장치	▶ 기능의 확실성을 시험
이송의 시동, 정지 및 이송속도의 변환	▶ X축, Y축, Z축 및 W축의 각 방향과 U축, V축의 각 방향 및 C축 둘레의 각각에 대하여, 적어도 표시의 최저, 중간 및 최고 3가지의 이송속도와 급속히 이송속도를 변환하고, 각 이송의 플러스·마이너스 방향에 대하여, 시동 정지를 하여 그 작동의 원활성과 기능의 확실성을 시험

사출금형제작 설비관리

실기내용

1. 성능검사항목 중 주축 속도의 변환 조작 성능검사 하는 방법 실습하기 [밀링머신]

검사항목	측정방법
주축 속도의 변환 조작	▶ 표시된 전체의 속도에 대해서 주축 회전수를 변환하여 조작 장치 작동의 원활성과 지시의 확실성을 시험

주축 속도 변환 조작에 대한 성능검사는 측정 방법은 위에 지시한 것처럼 실시한다.
주축의 속도 즉, 스핀들의 회전수 변환의 이상 유무를 확인하는 검사이다. 명칭은 아래에 번호 부여를 하였다. 가장 먼저 기계의 전원을 켜고 동력원을 공급한 상태에서 실시한다.
1번 주축회전수 변환표를 보고 사용하고자 하는 스핀들의 회전수를 결정하고 2번의 단차 풀리에 연결되어 있는 벨트의 위치를 조정한다. 3번은 저속(L) / 고속(H)를 결정짓는 레버로 원하고자 하는 회전수의 영역에 맞추어 수평으로 유지한다. 모든 세팅이 끝났으면, 4번의 스핀들의 정역회전 레버를 사용하여 주축(스핀들)을 회전시켜 본다.

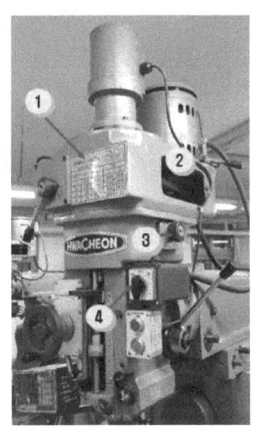

1. 주축회전수 변환표
2. 벨트 및 풀리 위치 조정
3. 저속 / 고속 변환
4. 스핀들 정역회전 레버

장비 및 도구, 소요재료

- 문서작성 프로그램
- 필기도구
- 설비 사용 프로그램

단원명 2 정밀도 유지보수하기

인진유의사항

• 정밀도 검사 전에 기계의 운용방법을 반드시 습득할 것

관련 자료

- 매뉴얼(각 설비 제조사별 기계사용 설명서, 유공압 회로, 전기회로도, 유지보수 설명서 포함)
- 설비 점검 매뉴얼(책자, 파일, CD)
- 설비 서비스 연락처

사출금형제작 설비관리

2-2 가공 표준

| 교육훈련 목 표 | • 가공표준에 따라 작업할 수 있다. |

필요 지식

1 문서 작성

1. 표준화의 목적

(1) 정의

표준화(Standardization)란 일반적으로 사물에 합리적인 기준 또는 표준(standard)을 설정하고 다수의 사람들이 어떤 사물을 그 기준 또는 표준에 맞추는 것 즉 표준화란 표준을 설정하고 이것을 활용하는 조직적 행위를 말한다. 사출금형 제작에 필요한 설비를 활용하여 효율적인 생산을 위해서는 가공의 표준화가 필요하다. 설비에 투입되는 오퍼레이터의 숙련도에 따라 제품의 품질이 좌우되기 때문에 적합한 제품의 생산이 될 수 있도록 가공조건 및 공정에 대한 전반적인 지시사항이 적힌 표준화가 있어야 한다. 대량생산과 정밀가공에 사용되는 CNC장비 같은 경우엔 CAM데이타에 의존하여 가공이 이루어 지기 때문에 프로그래머들은 특히 공정상의 특이사항을 고려하여 계획을 세울 필요가 있다. 여기에서의 작업에서의 표준화는 여러 작업자가 같은 모델링을 갖고 작업을 하면 가공 경로와 가공조건, 가공시간 등이 일치하지 않고 각 개인마다 다르게 작업이 되는 것을 막기 위하여 표준 양식을 제공하는 것을 의미한다.

가. 품질의 안정과 향상
나. 비용절감(cost-down)
다. 업무능률향상과 통일화
라. 정보전달의 명확화
마. 명확한 관리기준의 설정
바. 기술의 축적과 향상
사. 통계적 기법의 활용
아. 안전, 건강 및 생명의 보호
자. 호환성의 확보

(2) 표준화의 시기
가. 중요한 개선이 이루어 졌을 때
나. 생산조건이 변경되었을 때

다. 신제품이 개발되었을 때
라. 산포가 클 때
마. 기타 중요한 변화가 있을 때

(3) 표준화 체계의 조건
　가. 표준의 목적과 방침에 적합한 분류방법인가?
　나. 생산제품의 품질이 지속적으로 관리될 수 있는 방법을 채택하였는가?
　다. 조직의 모든 부문이 관련되고 참여할 수 있는 내용으로 분류되었는가?
　라. 생산 활동의 모든 단계가 연결된 내용으로 구성되었는가?
　마. 표준의 신규제정, 개정, 폐지 등의 관리가 좋은 방법으로 되었는가?
　바. 내용이 중복 또는 누락되지 않는 체계로 분류되었는가?
　사. 알기 쉬운 용어와 기호 등으로 표기되었는가?
　아. 원안 작성담당자와 결재권자가 명확하게 분류되었는가?
　자. 대외비 등 기술관리 측면이 고려된 분류방법인가?
　차. 내용별로 가장 합리적인 방법이 선택되었는가?

(4) 작성 절차
　1단계 : 표준화의 전략과 방침 설정
　2단계 : 표준화 추진을 위한 조직구성과 담당부문의 결정
　3단계 : 장, 단기 추진계획 수립
　4단계 : 표준관리규정 제정
　5단계 : 부문별 표준화 교육
　6단계 : 표준관리규정에 의한 부문별 원안 작성
　7단계 : 원안 심의 및 승인(결재)
　8단계 : 표준 등록
　9단계 : 인쇄 및 배포
　10단계 : 표준의 준수와 유지, 개선

사출금형제작 설비관리

<표2-2-1> 작업 순서 SHEET

가공 순서별 작업 정보

● 공구종류 : R -황삭, 중삭용 공구 / F - 정삭용 공구

NO.	파일명	절삭모드	PATTERN	공구종류	공구경	Round	Gap	XY 피치	Z 피치
1	UC101	황삭	JMTP-0101	R_21R3	21.0	3.00	0.4	10	0.5
2	UC102	황잔삭	JMTP-0201	R_8R1	8.0	1.00	0.4	4	0.3
3	UC103	부분황삭	JMTP-0101	R_8B	8.0	4.00	0.4	1.5	0.2
4	UC104	황잔삭	JMTP-0201	R_6B	6.0	3.00	0.5	1	0.2
5	UC105	중삭	JMTP-0302	R_6B	6.0	3.00	0.1	0.2	0.2
6	UC106	부분중삭	JMTP-0301	R_6R1	6.0	1.00	0.1		0.2
7	UC107	파팅중삭	JMTP-0309	R_10R1	10.0	1.00	0.05	4	0.15
8	UC108	파팅정삭	JMTP-0410	F_6R0.5	6.0	0.50	0	2	
9	UC109	전체중삭	JMTP-0301.0302	R_6B	6.0	3.00	0.04	0.15	0.15
10	UC110	부분중삭	JMTP-0301	R_6R0.5	6.0	0.50	0.04		0.1
11	UC111	부분중삭	JMTP-0301	R_2F	2.0	0.00	0.04		0.05
12	UC112	파팅정삭	JMTP-0401.0404	F_6B	6.0	2.99	0		0.08
13	UC113	전체정삭	JMTP-0401	F_6B	6.0	2.99	0		0.08
14	UC114	전체정삭	JMTP-0408	F_6B	6.0	2.99	0	0.08	
15	UC115	부분정삭	JMTP-0401	F_6R0.5	6.0	0.50	0		0.05
16	UC116	부분정삭	JMTP-0401	F_6F	6.0	0.00	0		0.05
17	UC117	부분정삭	JMTP-0401	F_1F	1.0	0.00	0		0.05
18	UC118	기준면	JMTP-0504	F_3B	3.0	1.49	-0.3		0.2
19									
20									

2. 표준가공 공정

(1) 표준 가공 순서 결정

가. 몰드베이스

사출금형에 활용되는 몰드베이스는 규격품으로 되어 있어서 구매하여 사용한다.

나. 캐비티(Cavity) 코아(main core)가공에 대한 순서

인서트 코어의 가공순서는 절단가공 된 소재를 밀링 황삭가공부터 실시하여 정삭 마무리 하여 직육면체를 완성가공 처리 한다. 완성가공된 소재에 기준면에서 부터 주어진 치수 로 드릴, 다음에 탭가공을 실시하여 암나사를 가공한다. 구멍완성가공 부분은 리밍가공을 실시하고, 이때 2단구멍가공은 1차2차 나누어 드릴가공 후에 끼워맞춤 부분의 작은 구멍은 리머가공 처리한다. 사출금형 부품은 일반적으로 프리하든강을 사용하기 때문에 사각형상은 주어진치수로 완성가공하기 위해 연마로 직육면체를 완성 가공한다. 형상작업 은 미리 가공된 전극으로 방전 황삭부터 실시하여 정삭 가공 처리한다.

인서트 캐비트의 가공순서는 재료집에서 절단가공 된 원소재를 밀링 황삭가공 부터 실시하여 정삭 마무리 하여 직육면체를 완성가공 처리 한다. 완성가공된 소재에 기준면에서 부터 주어진 치수로 드릴, 다음에 탭가공을 실시하여 암나사를 가공한다. 구멍완성가공 부분은 리밍가공을 실시하고, 사출금형 부품은 일반적으로 프리하든강을 사용하기 때문에 사각형상은 주어진 치수로 완성가공하기 위해 연마로 직육면체를 완성 가공한다. 형상작 업은 미리 가공된 전극으로 방전 황삭부터 실시하여 정삭 가공 처리한다.

- **Cavity**
  - 고정측 캐비티 가공시 주의 사항
    - 케비티 날부 Lapping으로 R발생 주의
    - 제품 게이트부 부식 작업시 게이트 날 마모로 제품긁힘 발생 주의
    - 게이트 절단시 이물질 발생 주의.

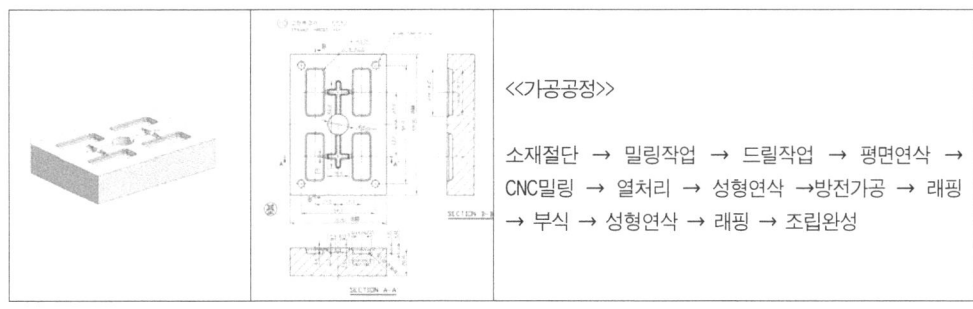

《가공공정》

소재절단 → 밀링작업 → 드릴작업 → 평면연삭 → CNC밀링 → 열처리 → 성형연삭 → 방전가공 → 래핑 → 부식 → 성형연삭 → 래핑 → 조립완성

- **Core**

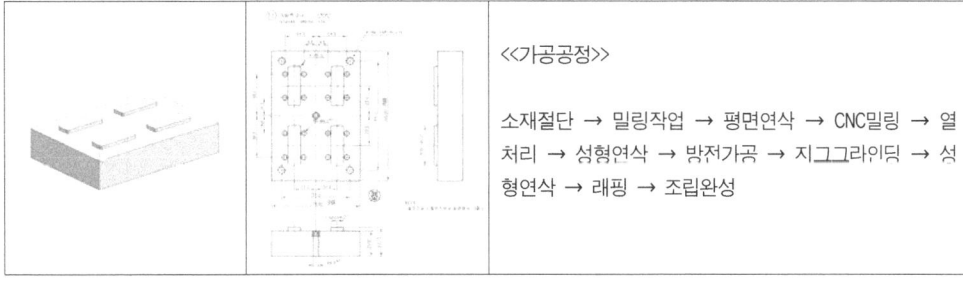

《가공공정》

소재절단 → 밀링작업 → 평면연삭 → CNC밀링 → 열처리 → 성형연삭 → 방전가공 → 지그그라인딩 → 성형연삭 → 래핑 → 조립완성

다. 런너, 게이트 공정도

금형입자코어 런너와 게이트가공 공정도는 다음과 같다
- 소재절단원자재 기계 톱으로 절단한다.
- 밀링작업외각 6면을 도면 치수에 맞추어 예비가공한다.
- 평면연삭외각 6면을 도면 치수에 맞추어 예비가공한다.
- CNC밀링런너 형상을 가공 한다.
- 열처리 HRC55정도로 담금질 한다.
- 성형연삭 외각 6면을 도면 치수에 맞추어 완성가공한다.
- 래핑작업런너와 게이트부 수지 잘 흘러 들어가도록 경면 래핑한다.
- 가공 완료 후 코어 측정합격하면 조립한다

사출금형제작 설비관리

4. 가공 표준서 작성

(1) 금형부품별 공정 가공시간 예측

가. 가공공정별 표준시간 산출 기준표 구성

순서	가공 공정	작업 분류	비 고
1	재료절단	원형 물, 판재 류	
2	밀링가공	헤어스 컷트, 앤드 밀	면 가공
3	밀링,보링가공	드릴,리이머작업	홀 가공
4	CNC절삭가공	형상,홈 가공	
5	선반,원통 연삭 가공	외경가공,내,외경가공	원형물가공
6	성형 연삭 가공	평면연삭,성형연삭,각도작업,R가공	
7	지그 연삭 가공	홀가공,면가공	
8	광학 연삭 가공	홈,R가공	수직작동
9	방전가공	관통,비 관통,탭 가공	전극필수
10	와이어 컷트 가공	형상,테이퍼 가공	
11	래핑 가공	경면 래핑	랩바,랩제
12	사출 금형 조립	신 제작 및 수리, 보완	
13	프레스 금형 조립	신 제작 및 수리, 보완	

나. 각 공정별 가공시간 예측

■ 재료 절단 (원형물)

(단위 : 分)

외경 (ø) 재료	ø30이하	31-60	61-80	81-100	101-150	151-200
SM45C	5	5	5	10	10	15
STC,STS,NAK	5	10	10	15	15	25
STD,STAVAX	5	10	15	15	20	30

SETTING 시간	
외경(ø)	시간(분)
100mm 이하	10
200mm 이하	15

단원명 2 정밀도 유지보수하기

■ 재료절단 (판재료)

(단위 : mm, 分)

구분	길이\두께	50	100	150	200	250	300	비고
SM45C	16	5	5	10	10	15	20	
	22	5	10	10	15	20	20	
	32	5	10	15	20	25	30	
	50	10	15	25	30	35	45	
	70	10	25	35	40	50	65	
STS, STC	16	5	10	15	20	20	25	
	22	10	15	20	25	30	35	
	32	10	20	25	35	40	50	
	50	15	25	40	50	65	75	
STD, STAVAX	16	10	15	20	25	30	35	
	22	10	15	25	30	40	45	
	32	15	25	35	45	55	65	
	50	20	35	50	70	85	100	

SETTING 시간	
T30×200×250	10
T30×200×250 이상	15

☞ 길이치수는 소재전체의 절단길이 합계를 적용함.

■ 밀링가공 (페이스컷트, 엔드밀 가공)

(단위 : 分)

가공 구분		1회 가공 절입량mm	가공길이								
			25 이하	50	75	100	150	250	350	500	1000	1000 이상
FACE CUTTER 작업	ø200 - 50	SM45C 15				36	45	55	65	8	13	18
		STD STS STAVAX 10										
END MILL 작업	ø50 - 25		20	20	30	35	40	45	55	65	8	13	18
	ø20 이상	10	15	20	25	30	35	4	6	8	13	18
	ø15 이상	10	1	15	20	25	30	35	55	75	125	16
	ø5 이상	10	05	10	15	20	25	30	45	65	11	14
	ø5 미만 또는 BALL END MILL	05	05	10	15	20	25	30	45	65	11	14
SETTING 시간 (2:중면 1개쯤)			5 분			10 분				15 분		

사출금형제작 설비관리

■ 밀링, 보링가공 (드릴, 리머작업)

SM45C (단위 : 分)

작업구분	재료두께 HOLE	-5 이하	5-15	15-20	20-25	25-30	30-35	35-40	40-60	60-80	80이상	TAP 가공시간	
일반 HOLE	1이하	2	3.5	4.5	5.5	7	8					규격	시간(분)
	1.1-2	2	2.5	3.5	4	5	6					M10 이하	10
	2.1-8	1	2	2.5	3	3.5	4	4.5	6.5	8	10	M20 이하	15
	8.1-13	1	2	3	3.5	4	5	5.5	8	10.5	13	M30 이하	25
	13.1-18	2	3.5	4	5	6	6.5	8	11	14.5	18.5	M40 이하	30
	18.1-25	2	4	5	6	7	8	9	13.5	18	22.5	SETTING 시간	
	25.1이상	2.5	5	6	7	8	9	10	15	20	26	소물류	10분
도피 HOLE TAP HOLE	2.1-8	1	1.5	2	2	2.5	3	3.5	5	6.5	8	150×150 미만	10분
	8.1-13	1	2	2.5	3	3	4	4	6	8	10.5	150×150 이상	15분
	13.1-18	1.5	2.5	3.5	4	5	6	6.5	10	13	17		
	18.1-25	2	3.5	4	5	6	6.5	7.5	11	14.5	18.5		
	25.1이상	2	4	5	6	7	8	9	13.5	18	22.5		
정밀 HOLE REAMER	8이하	1.5	2.5	3.5	4	5	5.5	6	7	7.5	8		
	8.1-13	2	3	4	5	5.5	6.5	7.5	8	9	10		
	13.1-18	2.5	4	5	6	7	8	9	10	11	12		
	18.1-25	3	5	6	7	8.5	9.5	11	12	13	14.5	REAMER 완성 표준시간	
	25.1-38	4.5	7.5	9	11	12.5	14	16	23	30	38	= 일반HOLE + 정밀HOLE	
	38.1이상	4.5	7.5	9	11	12.5	14	16	23	30	38		

■ 연삭가공(평면가공, 형상가공, 각도작업)

(단위 : 分)

작업구분	가공면수	2	3	4	5	6	7	8	9	10	11	12	13	14	15
평면가공	A	15	20	25	30	40	45	50	60	65	70	80	85	90	95
	B	20	30	40	50	60	75	85	95	105	115	125	135	145	155
	C	35	50	65	80	90	112	130	145	160	175	190	210	225	240
편면가공		20	25	30	40	45	50	60	65	70	80	85	90	100	105
각도작업		20	25	30	35	45	50	55	60	70	75	80	85	95	100

평면가공에서 A는 안정형상 가공물이며, B는 정밀공차의 Hole이 있거나, 불안정 형상의 가공물이고, C는 불안정 형상으로 정밀공차의 Hole이 있는 가공물이다.

단원명 2 정밀도 유지보수하기

■ 연삭가공(R가공)

(단 위 : 分)

R 크기 \ R 개수	1	2	3	4	5	6	7	8	9	10	11	12	13	14	15
1R 이하	10	15	20	25	30	35	35	40	45	50	55	60	65	70	75
1R ~ 3R 미만	10	15	20	30	35	40	45	50	55	60	65	70	75	80	85
3R ~ 5R 미만	15	20	25	35	40	45	55	60	65	70	80	85	90	100	105
5R ~ 20R 미만	20	25	30	40	45	50	60	65	70	80	85	90	95	105	115
20R 이상	50	70	95	120	145	170	190	215	240	265	290	310	335	360	385

■ 형조방전가공(관통작업)

면 적	가공길이	가공시간	면 적	가공길이	가공시간
1 ~ 10	~ 5	30	71 ~ 100	~ 5	20
	6 ~ 10	55		6 ~ 10	30
	11 ~ 15	85		11 ~ 15	45
	16 ~ 20	120		16 ~ 20	55
	21 ~ 25	150		21 ~ 25	75
11 ~ 15	~ 5	30	101 ~ 300	~ 5	20
	6 ~ 10	55		6 ~ 10	45
	11 ~ 15	65		11 ~ 15	55
	16 ~ 20	75		16 ~ 20	75
	21 ~ 25	85		21 ~ 25	100
16 ~ 30	~ 5	20	301 ~ 600	~ 5	30
	6 ~ 10	30		6 ~ 10	45
	11 ~ 15	45		11 ~ 15	65
	16 ~ 20	65		16 ~ 20	75
	21 ~ 25	85		21 ~ 25	100
31 ~ 50	~ 5	30	601 ~ 1,000	~ 5	30
	6 ~ 10	45		6 ~ 10	45
	11 ~ 15	65		11 ~ 15	65
	16 ~ 20	85		16 ~ 20	75
	21 ~ 15	100		21 ~ 25	100
51 ~ 70	~ 5	20	1,000 ~ 1,500		10% 증가
	6 ~ 10	35	1,501 ~ 3,000		15% 증가
	11 ~ 15	55	1,301 ~ 5,000		20% 증가
	16 ~ 20	75	SETTING 시간	☞ 가공물: 10 분 (파렌트 프리셋팅 적용) ☞ 전 극: SETTING 횟수 × 10 분	
	21 ~ 25	110			

사출금형제작 설비관리

■ 형조방전가공(비관통작업)

(단위 : mm, 分)

면적	가공깊이	가공시간	면적	가공깊이	가공시간
1 - 10	- 5	65	71 - 100	- 5	30
	6 - 10	110		6 - 10	65
	11 - 15	160		11 - 15	100
	16 - 20	240		16 - 20	120
	21 - 25	325		21 - 25	150
11 - 15	- 5	65	101 - 300	- 5	45
	6 - 10	100		6 - 10	75
	11 - 15	130		11 - 15	110
	16 - 20	150		16 - 20	140
	21 - 25	160		21 - 25	175
16 - 30	- 5	45	301 - 600	- 5	55
	6 - 10	65		6 - 10	85
	11 - 15	85		11 - 15	120
	16 - 20	110		16 - 20	150
	21 - 25	130		21 - 25	205
31 - 50	- 5	55	601 - 1,000	- 5	65
	6 - 10	100		6 - 10	100
	11 - 15	130		11 - 15	130
	16 - 20	160		16 - 20	160
	21 - 15	195		21 - 25	195
51 - 70	- 5	45	1,000 - 1,500		10% 증가
	6 - 10	65	1,501 - 3,000		15% 증가
	11 - 15	100	1,301 - 5,000		20% 증가
	16 - 20	130			
	21 - 25	195			

SETTING 시간 ☞ 가공물: 10분 (팔렛트 프리셋팅 적용)
☞ 전극: SETTING 횟수 × 10분

■ 형조방전가공

(단위 : mm, 分)

전극종류 \ 구분	가공시간 산출식
동 전극	$\dfrac{\text{가공부위 전체둘레} \times \text{가공부위깊이}}{33}$
그라파이트 전극	$\dfrac{\text{가공부위 전체둘레} \times \text{가공부위깊이}}{33} \times 0.7$
셋팅 시간	☞ 가공물: 10 분 (PRE SETTING 적용) ☞ 전극: 셋팅 횟수 × 10 분

TAP 가공시간		
구 분	가 공 시 간	SETTING 시간
M5 TAP 이하	20 분	
M8 TAP 이하	25 분	20 분
M10 TAP 이상	30 분	
☞ 탭 1개당 가공시간 × 수량 + 셋팅 시간		

단원명 2 정밀도 유지보수하기

■ 사출금형 조립

(단위 : 개, 分)

금형 분류	품 명	조립 시간	사출 금형 제작 조립				
			조 립	부 품 수 량			
				1 - 5	6 - 10	11 - 15	16개 이상
S	초 정밀금금형 및 대형 금형	6,000	1,000	150	270	420	600
A	단자금형, BOBBIN 반도체 콘넥터금형류, VTR CHASSIS, 도광판, 금형류 등	5,000	800	120	240	360	500
B	핸드폰 케이스 류 DECK MAINCHASSIS류 COIL BOBBIN류, 자동차 부품 류	4,000	600	120	240	360	500
C	CASE류, DIODE HOLDER류 DECK BASE PLAT 류	3,600	600	120	180	300	480
D	LV BOBBIN 류, DECK SUB CHASSIS PULLEY, GEAR류 LEVER, SENSOR류 컵 금형류	2,400	450	120	180	300	480
		1,800	450	100	150	240	360
		1,500	300	80	120	200	300

* 시방변경, 보완, 수리 = 조립시간 + 부품수량 가중시간
* 사출금형 조립 시간은 가공 거칠기에 따라 틀릴수 있으며 제품 품질및 외관 요구에 따라 틀릴수 있습니다. (참고사항임)

시방변경, 보완, 수리는 조립시간에 부품수량에 따른 가중시간이 소요되며, 사출금형의 조립시간은 가공 거칠기에 따라 틀릴 수 있으며 제품 품질 및 외관요구에 따라 틀리 수 있다.

사출금형제작 설비관리

■ 와이어컷 방전가공

와이어 컷 가공은 재료의 두께와 가공기의 속도에 따라 표와 같이 가공 시간이 소요된다. Setting 시간은 15~25분 소요되며 가공 회수에 따라 시간이 증가하며, 가공횟수에 따른 표준시간 부여를 기준으로 하며, PLATE의 가공은 2차 가공을 기본으로 하고, 50t 이상의 PUNCH류는 4차 가공을 기본으로 한다. DIE 입자류는 2차 가공을 기본으로 하고, 비철류는 산출공수의 20%를 up하여 표준시간을 부여한다. 초경합금류는 산출공수의 30%를 up하여 표준시간 부여하여 계산한다.

(단위 : 속도.mm / 分)

적용분류 \ 재료(T) 속도		5 이하	5.1-10	10.1-15	15.1-20	20.1-25	25.1-30	30.1-35	35.1-40	40.1-45	45.1-50	50.1-60
SM45C STC STD STAVAX	M 사	4.7	4.0	3.1	2.7	2.3	1.7	1.5	1.3	1.2	1.0	0.8
	A 사	3.0	2.5	2.0	1.5	1.2	1.1	1.0	0.9	0.8	0.7	0.6

▣ 1) 가공횟수에 따른 표준시간 부여 기준한다.
2) PLATE의 가공은 2nd 가공을 기본으로 한다.
3) 50t 이상의 PUNCH류는 4th 가공을 기본으로 한다.
4) DIE 입자류는 2nd 가공을 기본으로 한다.
5) 비철류는 산출공수의 20%를 up하여 표준시간을 부여한다.
6) 초경합금류는 산출공수의 30%를 up하여 표준시간 부여함.

● 표준시간

$$\frac{가공길이}{가공속도} + 셋팅시간$$

SETTING 시간	
30 × 30 미만	20 분
50 × 50 미만	15 분
100 × 100 미만	15 분
200 × 200 미만	20 분
200 × 200 이상	25 분

가공횟수	시간 증가율
2nd	20% UP
3rd	25% UP
4th	30% UP

(2) 작업표준서 작성

사출금형 제작에 사용되는 머시닝센터(고속가공기 포함)를 예를 들어 작업 표준서를 작성하였다. 아래의 표를 참고하여 해당 금형 부품에 대한 가공조건 및 사용 공구에 대한 가공표준서를 황삭에서 정삭까지의 각 공정별로 작성한다.

<표2-2-4> 작업표준서 작성 예시

사출금형제작 설비관리

(3) 불량에 대한 대책

가공조건 및 기계 상태에 따라 제품의 품질이 좌우된다. 이에 대하여 CNC가공 장비의 불량 대책에 대하여 아래의 표와 같이 나타낸다.

<표2-2-5> CNC선반 가공의 불량원인과 대책

불량	원인	절삭조건				공구재종	공구형상						기계장착		
		절삭속도	이송량	절입량	절삭유	경도	인성	칩브레이커	경사각	인선노즈반경	절인강도·호닝	절삭드향상	가공물·공구	홀더의오버행	기계강성
치수 정도의 약화	툴 정도의 부적절											●			
	가공물, 공구 이탈							●	↑	↓			●	●	●
인선 후퇴량이 크다	여유면 마모 증대					●				↑					
	절삭 조건 부적절	↓	↑												
다듬질면 조도의 악화	공구마모 증대	↓			습식	●		●	↑	↑	↓	●			
	절인 치핑		↓	↓		●	●			↑	↑		●	●	●
	용착 구성 인선	↑	↑		습식			●	↑		↓	●			
	절삭 조건 부적절	↑	↓	↓	습식										
	공구, 절인 형상 부적절							●		↑	↓				
	진동, 떨림	↓	↓	↓	습식	●	●		↑	↓	↓		●	●	●
발열	절삭 조건 부적절	↓	↓	↓											
	공구, 절인 형상 부적절					●			●	↑	↓				
버, 치핑 보풀	절삭 조건 부적절	↓	↑		습식										
	공구 마모, 절인 형상 부적절					●			●	↑	↓	↓			
주절 (윅크 치핑)	절삭 건 부적절		↓	↓											
	공구 마모, 절인 형상 부적절					●			●	↑	↑		●	●	●
연강 (보풀 발생)	절삭 조건 부적절	↑	○		습식										
	공구 마모, 절인 형상 부적절					●			●	↑		↓			

↑ : 증가, ↓ : 감소, ○ : 사용, ● : 올바르게 사용

<표2-2-6> 머시닝 센터 가공의 불량원인과 대책

불량	원인	대책								
		절삭조건			공구형상				인서트 재종	
		절삭속도	이송량	절입량	절삭유	경사각	여유각	절입각	인선부모떨림	호닝	인성	경도
플랭크 마모 (여유면 마모)	· 공구재종 부적합 · 절삭조건 부적합 · 진동 발생	↓	↑				↑	↓		↑		↑
크레이터 마모 (경사면 마모)	· 절삭조건 부적합 · 공구재종 부적합	↓	↓	↓		↑				↓		↑
치핑	· 팁인성 부족 · 이송 과다 · 절삭 부하 과다		↓			↓	↓	↓		↑	↑	↑
구성인선	· 절삭조건 부적합 · 절인형상 부적합 · 공구재종 부적합	↑	↑	↓	↑					↓		
떨림 발생	· 절삭조건 부적합 · 동시 절삭날수 부족 · 절인형상 부적합 · 칩 배출 불량 · 피삭재 고정 불량	↓	↓	○	↑		↑	↓	↓			
가공면 불량	· 구성인선 발생 · 절삭조건 부적합 · 진동 발생 · 칩 배출 불량	↑	↓	↓	○	↑			↓	↓		
요 균일	· 절삭조건 부적합 · 공구재종 부적합	↓	↓	↓	●	↑				↑		↑
결손	· 공구재종 부적합 · 절삭부하 과다 · 칩 배출 불량 · 진동 발생 · 팁 오버행 과대		↓	↓	○					↑	↑	

↑ : 증가, ↓ : 감소, ○ : 사용, ● : 올바르게 사용

사출금형제작 설비관리

> ## 실기내용

1. 머시닝 센터를 이용한 부품 가공표면 불량 원인에 대한 체크사항 작성하기
제품의 불량은 절삭조건의 부적합, 기계 및 절삭공구의 상태의 원인으로 볼 수 있다. 표2-2-5와 표2-2-6을 참고로 하여 작성 해 본다.
(1) 기계
  - 주축 스핀들의 이상으로 회전 중 떨림 발생
  - 공구의 체결상태
  - 진동의 유무
(2) 절삭공구
  - 공구의 마모 상태
  - 재질별 절삭공구 올바른 선택유무
(3) 절삭조건
  - 구성인선 발생 유무
  - 칩 배출 문제
  - 절삭속도, 이송량, 절삭깊이의 부적절한 조건 설정

단원명 2 정밀도 유지보수하기

2-3 정밀도 수준파악

| 교육훈련 목표 | 정밀도를 파악하기 위해 시험편에 의해 기계의 정밀도 수준을 파악할 수 있다. |

필요 지식

1 정밀측정

1. 측정 범위의 측정도구 선정

금형 제작에 운용되는 장비들에 대한 정밀도는 제품의 품질에 영향을 미치게 된다. 장비의 정기적인 점검에 필요한 측정기를 습득하여 품질이 우수한 금형 제작이 가능하도록 하고자 한다.

(1) 측정대상의 크기

측정 대상물의 크기가 수 mm 이하의 경우와 같이 작거나 몇m가 되거나 또는 무겁거나 할 때 측정 범위에 따라 측정기의 사용도 달라진다. 따라서, 측정 대상의 크기에 따른 측정기는 다음과 같이 분류된다.

가. 작은 제품의 측정

측정물이 작으면 취급이 어렵고 측정력에 의한 변형의 비율도 크게 된다.
그러므로 작은 제품의 측정에는 상대적으로 측정력이 작은 측정기를 사용하여야 한다.
- 다이얼게이지, 전기마이크로미터 등

나. 큰제품의 측정

큰치수 측정에는 측정기를 직접 측정하지 않고 일반적으로 비교측정을 하게 된다. 비교 측정기를 사용하는데 적용되는 측정기는 변형에 의한 편차 등이 크게 발생하므로 자세 및 측정점을 동일하게 할 필요가 있다.

(2) 측정 대상물의 재질과 형상

가. 금속, 플라스틱등의 재질

강, 동, 플라스틱과 같이 고체로 된 측정물인 경우 일반적으로 접촉식3차원측정기 등을 사용한다.

나. 변형이 쉬운재질

고무 또는 얇은 재질과 같이 직접 접촉에 의하여 변형이 큰재질인 경우 비접촉식3차원 측정기, 투영기, 공구현미경 등을 사용한다.

사출금형제작 설비관리

(3) 측정물의 형상
 가. 형상에 따른 측정법
  - 외측 : 피측정물 형상의 외측, 외경측정
  - 내측 : 피측정물 형상의 내측, 내경측정
  - 높이 : 피측정물의 높이측정(중심거리, 단차 측정)

 나. 표면의 형상 정의
  - 진원도 : 기하학적 진원으로 부터 벗어난크기
  - 평면도 : 기하학적 평면으로 부터 벗어난크기
  - 표면거칠기 등

(4) 측정기 선정 시 고려사항
  - 측정대상 : 측정량의 종류나 상태(재질)
  - 측정환경 : 측정의 장소나 조건(현장, 표준실, 절삭유)
  - 측정수량 : 소량인가 다량인가
  - 측정방법 : 원격측정, 자동측정, 지시나 기록 등
  - 측정기의 성능 : 측정범위, 정밀도, 감도, 내구성 등
  - 경제적 상황: 가격, 유지비, 측정에 소요되는 비용

(5) 측정기 선정 방법
 가. 측정범위
  - 피측정값의 최대와 최소값의 크기를 고려한다.
  - 측정 범위의 적합성을 검토한다.
  - 측정방법에 있어서 자동 또는 수동을 검토한다.

 나. 정확도
  - 측정범위에 따라 요구되는 정확도의 값
  - 표시 분해능의 최소 범위

 다. 안정도
  - 최대 허용주기의 적합성
  - 측정기는 사용자가 부재중인 상태에서 동작가능성

 라. 주위 환경
  - 측정기가 실제 사용될 장소의 온도, 습도, 전원전압의 변동 폭은 얼마이며, 이변화폭이 측정치의 불확도에 미치는 영향은 얼마인가를 고려
  - 측정기가 실제 사용될 장소의 충격과 진동은 얼마이며 기본 주파수는 얼마인가를 고려

- 측정기의 크기와 중량은 얼마나 적합한가를 고려
- 수리 보수는 어떻게 처리할 것인가를 고려

마. 동작
- 원격조정이 필요한가
- 측정기는 프로그램으로 자동화 시킬필요가 없는가
- 측정기의 사용 중정전의 영향을 고려하여야 하는가
- 측정기를 정상 작동시 다른 보조장비가 필요하지 않은가를 검토

바. 신뢰성
- 동작수명은 최소 몇년이 필요한가
- 고장이 발생하면 어떤영향을 미치는가
- 정상적인 동작을 위해 예비수리부속품의 종류와 수량
- 기기가 부당하게 사용될 경우 경보장치 및 보호장치

사. 기타
- 제품사양에 명시된 성능 및 기능이 사용자의 요구에 실질적으로 충족시킬수 있는지 여부를 직접 확인한다.
- 측정기의 사후관리 면에서 제조자나 대리점의 사후 정비능력을 평가한다.

2. 측정기 종류

사출제작에 필요한 설비관리를 하는 입장에서의 측정기만 다루고자 한다.

(1) 설비의 외관 검사

가. 정밀 평형수준기

물체의 기울기를 측정하는데에 많이 사용되는 게이지류이며, 정밀평형수준기는 주로 공작기계의 수평이나 제조라인 혹은 정반과 같은 수평이 고도로 요구되는 장소에서 많이 사용된다.

[그림2-3-1]] 정밀평형수준기

나. 인디게이터

물체의 면의 상태를 측정하는 기기로써 주로 진직도 나 평행도와 같은 직선상의 상태를 측정한다. 이 측정기는 마그네틱베이스 홀더에 연결하여 사용하기도 한다.

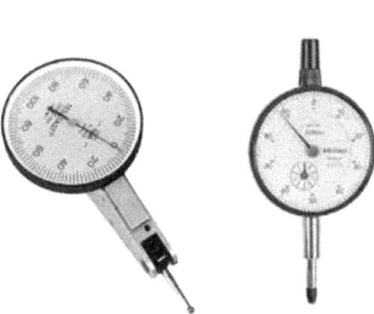

[그림2-3-2] 인디게이터

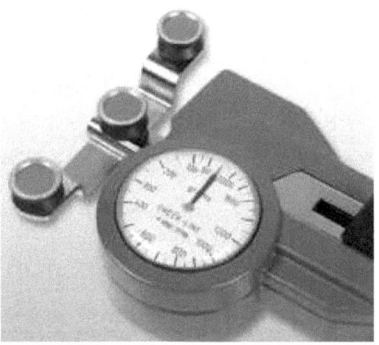

[그림2-3-3] 와이어 장력 측정기

다. 와이어 장력 측정기

방전가공기 중 하나인 와이어 컷팅 방전기에서 재료의 절단에 사용되는 와이어에 대한 장력을 측정하는 계기이다.

2 설비의 정확정밀도 검사

가공하는 장비의 성능 및 정밀도의 유지는 제품의 품질에 많은 영향을 미치게 된다. 장비의 정확정밀도를 정기적인 가공 점검을 통하여 장비의 상태를 점검해야 한다. 이에 대하여 국가기술표준원에서 제공하는 각각의 설비에 대한 시험편 제작과 검사에 대한 매뉴얼을 제공하니 자료 검색을 통하여 참고하도록 한다.

1. 장비의 검사 준비

(1) 자료 검색하기

사출금형 제작에 사용되는 기계들의 성능검사를 위한 표준 시험편 규격을 습득하기 위하여 국가기술 자료를 검색한다. 기계의 성능검사는 장비를 제조하여 판매하는 기업들이 품질의 표준화에 적합한지를 국가에서 지정하고 있다. 장비의 첫 구매시 제공 받았던 성능검사서는 자체 검사가 아닌 국가가 인증한 기관에서만 발부 받을 수 있다. 그러므로 장비의 도입 시 성능검사에 대한 서류는 꼼꼼하게 받아서 보관을 하는 것이 바람직하다. 금형 제작 및 부품 생산에 사용되는 장비들의 정기적인 성능검사 또한 자체에서 실시 할 수는 있으나 공인된 인증기관이 아니기 때문에 자체 생산하는 부품들의 표준화에 맞추어 간략하게 작업을 수행하는 것이 대부분 이다. 제대로 된 성능검사를 위해서는 국가에서 정한 방법을 숙지하여 해당 장비를 정기적으로 점검하는 것이 중요하다.

단원명 2 정밀도 유지보수하기

[그림2-3-4] 국가기술표준원 사이트 [www.kats.go.kr]

(2) 국가 표준(KS) 검색하기

[그림2-3-5] 국가표준인증종합정보센터 사이트 [www.standard.go.kr]

2. 장비별 정확정밀도 검사

(1) 규격 시험편 가공 검사

사출금형 제작에 필요한 장비의 정확정밀도 검사 검색결과는 다음의 표처럼 열람이 가능하다. 예를 들어서 머시닝센터의 주어진 규격의 시험편 제작을 통한 장비의 정밀도의 수준이 가능하다. 수준이 기대치 보다 낮게 나온다면 국가가 인증하는 교정기관을 통하여 장비의 교정을 봐야 하고, 성능점검 기록부를 반드시 교부 받아 보관을 해야한다. 그림 (b)와 같이 가공시험을 통하여 기계 장비의 성능 수준을 파악한다.

(a)

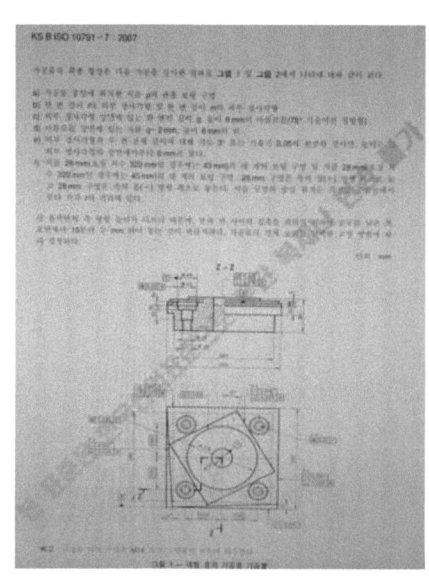
(b)

[그림2-3-6] KS 규정된 머시닝센터 검사조건 - 가공정밀도

<표2-3-1> 가공정밀도 KS 표준번호

작업별	KS (ISO) 표준번호	표준명
원통가공	KS B ISO 13041-6	수치제어 선반 및 터닝센터의 시험조건 — 완성된 시편의 정확정밀도
평면가공	KS B ISO 10791 - 7	머시닝 센터 검사 조건 - 가공 정밀도
연삭가공	KS B ISO 1986-1	수평 연삭 숫돌축 및 왕복운동 테이블형 평면 연삭기 시험조건 — 정확정밀도 검사
	KS B ISO 3875	원통형 센터리스 연삭기 시험조건 - 정확정밀도 검사
방전가공	KS B ISO 14137	와이어 방전가공기의 검사조건 — 용어 및 정확정밀도 검사
	KS B ISO 11090-2	형조 방전가공기 검사 조건 - 용어 및 정확정밀도 검사

단원명 2 정밀도 유지보수하기

관련 자료

- 매뉴얼(각 설비 제조사별 기계사용 설명서, 유공압 회로, 전기회로도, 유지보수 설명서 포함)
- 설비 점검 매뉴얼(책자, 파일, CD)
- 설비 작업 표준서
- 설비 정밀도 점검 LIST(공인 인증 업체)
- 측정기 사용 매뉴얼
- 설비 서비스 연락처
- KS 및 ISO 규격집

장비 및 도구, 소요재료

1. 생산설비
2. KS규격 시험편
3. 측정기기

안전유의사항

1. 기계의 운용 및 가공방법을 충분히 숙지하고 정확정밀도 가공검사를 실시한다.

사출금형제작 설비관리

단원명 2 │ 교수방법 및 학습활동

교수 방법

- 설비의 정밀도를 유지하기 위한 방법을 설명한다.
  - KS 규정한 검사 방법
- 가공 표준에 대하여 각 기계별로 설명한다.
- 장비별 정밀도의 수준을 파악하기 위하여 시험편(KS규격)을 검색하는 방법을 설명한다.
  - 국가기술표준원

학습 활동

- 장비의 정밀도를 유지하기 위한 방법을 조별로 토론을 하고 그 결과를 발표할 수 있어야 한다.
- 품질의 표준화를 위하여 가공방법 및 가공조건의 일원화를 위한 자료를 작성하여 제출할 수 있어야 한다.
- 장비별로 정밀한 제품 가공 가능성에 대하여 논하고, 시험가공에 의한 검사방법을 검색할 수 있어야 한다.

단원명 2 정밀도 유지보수하기

단원명 2 | 평가

평가 시점

- 정밀도 유지보수에 대한 검사방법은 교육 중 질의 응답시 확인하고, 가공표준을 위한 가공방법 및 가공조건의 설정방법에 대해서는 중간고사 시 평가를 수행하고, 장비의 정밀한 가공능력 테스트에 대한 검색과 가공검사에 대한 평가는 학기중 체크리스트를 작성하고 수업 종료시 평가를 한다.

평가 준거

평가영역	평가항목	성취수준		
		우수하다	보통이다	미흡하다
정밀도 검사	설비 정밀도 검사에 대한 지식			
	설비 정밀도 검사방법 기술			
가공 표준	설비 성능에 대한 지식			
	설비 성능 유지 기술			
정밀도 수준파악	정밀 측정에 대한 지식			
	사용환경에 따른 정밀도 유지기술			

사출금형제작 설비관리

평가 방법

평가영역	평가항목	평가방법
단원명 1	설비 정밀도를 검사하는 방법	구두발표
단원명 2	설비 성능을 유지하기 위한 방법	구두발표
단원명 3	장비별 정밀 가공 능력 수준 평가 방법 정밀 측정 방법	작업장평가

피드백

1. 문제해결 시나리오
- 문제 해결 진행 과정중 필요시마다 피드백을 제공하여 문제 해결을 용이하게 한다.
2. 사례연구
- 사례연구 결과를 모든 학습자들끼리 공유하여 확인 학습할 수 있도록 데이터화여 제시
- 제출한 내용을 평가한 후에 수정 사항과 주요 사항을 표시하여 다음 수업 시작 시간에 확인 설명
3. 구두발표
- 발표 과정마다 오류 사항과 주요 사항을 점검, 조정

평가

1. 생산가공에 사용되는 측정기의 정기적으로 교정검사를 실시하는 이유에 대하여 설명하라

2. 사출금형 제작을 하는 데 생산부품에 대한 가공표준화를 실시하는 필요성 대하여 설명하라.

3. 장비에 부착되어 있는 극한스위치(리미트스위치)의 역할에 대하여 설명하시오.

4. 교정검사를 실시하는 전문기관에 대하여 조사해 보아라. [사이트 및 정보]

5. 제품과 직접적인 관계가 있는 코어와 캐비티의 가공공정에 대하여 설명하라.

6. 측정물이 작으면 취급이 어렵고 측정력에 의한 변형의 비율도 크게 되어 상대적으로 측정력이 작은 측정기를 사용하여야 한다. 어떠한 측정기를 사용해야 하나?

7. 형조 방전가공기에서 전극으로 사용되는 재질에 대하여 조사하라. (황삭과 정삭)

8. 고무 또는 얇은 재질과 같이 직접 접촉에 의하여 변형이 큰 재질인 경우 어떠한 측정기를 사용하는지 설명하라.

9. 작업표준서를 작성하는 이유에 대하여 설명하라.

10. 제품의 가공에 있어서 황삭 가공과 정삭 가공의 분류는 어떤 의미인가?

11. 형조방전가공에서 황삭가공과 정삭가공을 할 때 사용되는 전극은 무엇인가?

12. 교정검사의 목적에 대하여 설명하라.

13. 선반작업도중, 기계를 멈추고자 할 때에 풋브레이크를 밟았을 때 기계의 전원이 꺼짐과 동시에 주축의 회전이 멈추게 된다. 여기에서 전원을 차단시켜주는 장치는 무엇인가?

사출금형제작 설비관리

단원명 3 설비점검 유지보수하기(15230201-14v2.3)

3-1 설비 점검

교육훈련 목표	• 일일 설비 점검을 실시하여 기계 이상 유무를 확인하여 수리를 위한 조치를 할 수 있다. • 정기 점검을 실시하여 고장발생 요인을 조기에 발견할 수 있다.

필요 지식

1 설비점검 기준 작성

제품의 생산에 운용되는 설비 등의 정기적인 상태 점검을 통하여 생산되는 제품의 품질 향상과 설비의 신뢰성을 확립하기 위하여 필요한 작업이다.

장비의 일일점검을 실시하여 제품의 품질을 좌우하는 생산 장비의 기능을 최대한 유지하여 생산성 향상을 도모 하는 데에 있다. 점검을 통하여 생산계획 달성, 품질향상, 원가 절감, 납기 준수, 재해 예방, 환경 개선 등에 기인하여 더 나아가서는 작업자의 근무 의욕을 고취하는 데에 있다. 설비점검기준 작성은 생산설비의 점검기준에 적합하도록 일일 및 정기 점검표를 작성하고 점검표를 바탕으로 보전계획을 수립하여 설비의 이상 원인에 대한 재발방지 대책을 수립한다.

1. 장비의 상태 점검

(1) 설비의 점검 내용

기계의 수명과 성능을 유지하기 위해서는 충분한 점검이 이뤄져야 한다. 특히 운전 전에는 반드시 운용방법을 습득하고 작업하는 데에 이상 유무를 파악하여야 한다. 다음의 표는 선반가공시의 점검사항을 예로 들었다.

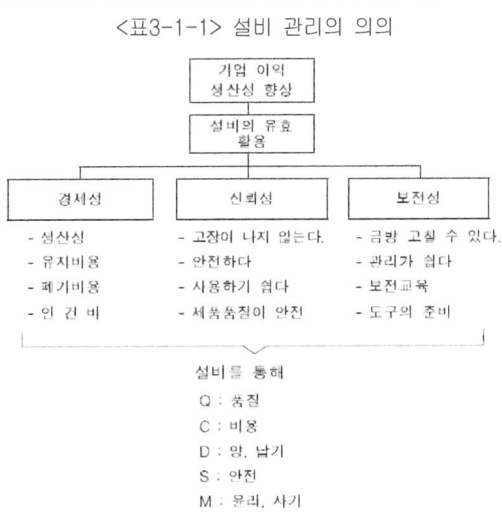

<표3-1-1> 설비 관리의 의의

(2) 설비관리의 흐름과 주의할 점

설비 관리는 설비의 계획단계에서 부터 운전, 폐기에 이르기까지 모든 활동과 관련되어 있다. 생산설비를 운영하는 생산부 또는 설비관리부서에서는 생산설비의 도입과 운전을 효율적으로 관리하기 위해 도입초기부터 참여하는 것이 바람직하다.

<표3-1-2> 설비 관리의 흐름

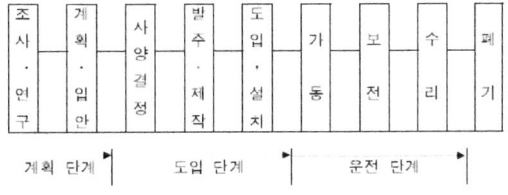

가. 계획 단계

계획이 없으면 아무것도 시작할 수 없다. 설비 도입도 이와 마찬가지로 이 단계에서 확실한 계획을 세워, 검토를 거듭함으로서, 현장에 들어가서도 문제가 적고, 사용하기 쉬운 설비로 할 수 있는 것이다.

<표3-1-3> 계획단계의 주의항목

주의 사항	설 명
설비 목적의 명확화	무엇을 위해 설비를 도입할지, 정성적, 정량적으로 명확히 해 두지 않으면 안 된다. 이에 따라, 이후의 사양 결정, 채산계산, 활용 방법, 이익금 모두가 결정된다.

사출금형제작 설비관리

주의 사항	설 명
현상의 문제점 및 개선점의 파악	현상을 둘러싼 문제가 실질적으로 어떻게 되어 있는지, 어떻게 바뀌었으면 좋겠는지를 현장의 소리로서 듣고 파악한다.
목적 달성을 위한 대체안의 검토	검토 안은 하나로는 안된다. 한가지 안만 있다면 검토할 수가 없다. 가능한 많은 안을 제출하여 다방면의 검토가 필요하다.
경영 계획, 목표, 사업 계획과 맞는 설비 계획	정말로 이익과 연계하여 경영 계획과의 관련을 확인한다. 투자 손익분기 분석 계획도 필요하다.

나. 도입단계

도입단계에서는 설비의 상세사양 결정, 제작, 설치 확인이라고 하는 흐름으로 이루어져 있다. 이 단계에서 확실히 해두지 않으면 부적합설비가 설비되어 제조 현장생산에 많은 문제점이 발생하게 된다.

<표3-1-4> 도입단계시 고려할 사항

고려사항
상세한 사양 결정, 도입 계획 작성
투자 대 손익분기점 산출 및 이익 예측
수입 준비, 시운전
관련 장부, 문서의 정비

다. 운전 단계

자주 보전, 일상 점검 등에 따라 설비를 정상적인 상태로 유지하며, 문제가 있으면 개선을 실시한다. 제조 현장의 힘을 보여 주는 곳이다. 구체적으로는 다음과 같은 전개가 된다.

<표3-1-5> 운전단계시 고려할 사항

고려사항
·자주 보전 활동
소집단 활동에 의한 청소, 보전, 개선, 교육
정기 점검, 일상 점검의 실시
전사적인 보전 활동의 전개(TPM)
시스템으로서의 설비 관리
문서나 기록의 관리

기계에 대한 점검과 동시에 기계 마다 취급설명서와 급유 명령서를 확인한다. 급유 할 곳에 대하여 먼지나 이물질을 반드시 제거하도록 한다.

(3) 점검 기준서 작성

작업자가 스스로 설비을 보전하고 안전 상태를 유지하면서 높은 생산성을 유지하기 위해서는 지속적으로 설비점검 기준을 설정 및 수정하여, 설비의 신뢰성과 보전성 향상을 도모하여야 한다. 점검 기준서를 작성함으로서 설비에 대해 이해를 하고 점검체크시트를 작성할 수 있어야 한다. 철저한 청소와 부적합 설비에 대한 이상유무상태의 확인하여 발견한 문제 개소나 개선결과를 어떻게 관리해 나아갈 지를 설비보전업무를 담당하는 부서와 유기적으로 협조하고 자체적으로는 급유기준, 청소기준, 교환기준, 점검기준 등이 포함된 점검기준서를 항상 유지 관리하여야 한다.

「점검기준서」작성에는, 사용하고 있는 설비의 구조, 기능, 취급방법, 작업내용 등을 이해하지 않으면 안 된다. 역으로 말하자면, 이러한 기준서를 작성하는 과정에서, 설비에 대한 이해정도가 깊어지게 된다.

점검기준서의 내용으로서는, 기준 도면에 의해 대상부위, 명칭, 그 기능등을 명확히 제시, 청소, 급유, 점검 등의 큰 구분별 점검기준을 정리한다.

사출금형제작 설비관리

<표3-1-8> 정기 점검표

[정기 점검표 양식]

(4) 점검 활동

 점검기준을 표준화하여 점검활동을 실시하면서 점검항목에 중복이나 빠짐이 없는지, 어떻게 기준이나 방법이 정해져 있는지 라고 하는 점을 개정하면서 지속적으로 진행한다. 설비 점검기준에 명시된 정검 항목별로 설비점검표를 작성하는데 여기서는 상세하게 일상점검, 주간점검, 월간 점검 등으로 작성한다. 공정이나 개별적으로 설치된 설비별로 작성한다. 일상점검표는 작업 시작 전이나 작업 시작 후 정해진 시간별로 점검표 기준에 따라 점검을 실시한다. 일상점검표에 이상이 발생하면 작업표준서 및 제조공정도에 따라 정해진 매뉴얼에 따라 관련 부서 및 응급조치를 실행한다.

단원명 3 설비점검 유지보수하기

<표3-1-9> 공작기계 점검

점검주기	항목
수시	유압작동유 체크 각 부속품 이상유무 체크
매일	외관점검 유량점검 압력점검 각부의 작동 검사
매월	각부의 필터 점검 각부의 전기부분 점검 그리스 및 유압작동유 점검
매년	레벨(수평)점검 기계 정도 검사 절연 상태 점검

가. 예방점검

생산설비 및 시험설비에 대하여 사용 중 고장을 사전에 방지하고 항상 사용가능한 상태를 유지하기 위하여 사전 점검하는 활동을 말하며 사용부서 및 관리부서에서 수행하는 일상점검 및 정기점검활동을 말한다.

나. 일상점검

설비사용부시에서 작업자가 작업시작 전에 기본적으로 시행하는 점검사항으로서 오감에 의하거나 점검기구를 사용하여 외관검사, 일상급유 점검 및 간단한 조정을 실시하니 각 설비에 비치되어 있는 일상점검표에 이상 유무를 기록하는 활동을 말한다.

다. 정기점검

설비관리부서에서 노화측정의 점검 활동으로서 설비의 열화를 판정하여 수리 또는 개산할 목적으로 주기적으로 오감에 의하거나 점검기구를 사용하여 외관점검 또는 개방점검을 실시하는 것을 말하며 월간점검, 분기점검, 반기점검, 년간 점검 등이 있다.

(5) 설비의 점검 매뉴얼 작성

사출금형 제작에 필요한 설비들은 대부분 작업장에 모여 있기 때문에 정기적으로 각 실별에 설치되어 있는 장비의 관리 및 유지점검표가 있어야 한다.

사출금형제작 설비관리

<표3-1-10> 관리 및 유지 점검표

3 고장 대책

설비의 고장 발생 요인을 확인하여 이에 대한 대책을 세워 생산활동 중 발생되는 문제점등을 미연에 방지할 수 있으며 이를 위해서는 설비와 품질관계를 이해하고, 품질에 이상이 발생되는 것을 예상하여 원인이 발생되는 요인을 발견하여 조치를 취해야 한다. 정기적인 점검을 통한 설비의 조건을 설정할 수 있고 생산설비의 상태유지를 관리 할 수 있는 능력과 발생되는 항목에 대한 응급처치를 신속히 처리할 수 있는 능력을 갖추어야 한다.

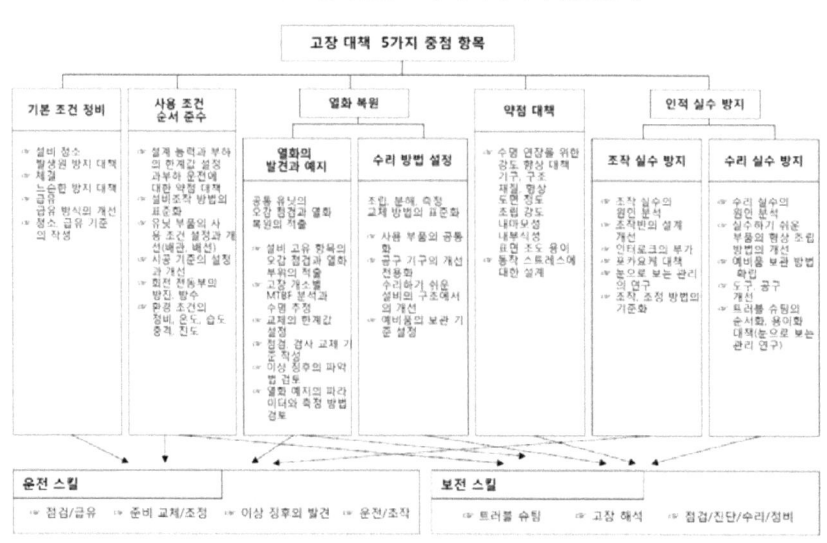

<표3-1-11> 설비점검 고장대책 5가지 중점항목

단원명 3 설비점검 유지보수하기

(1) 체크리스트
생산설비의 운용중의 사고로 인한 고장 및 오작동으로 인한 손실을 최소화하기 위하여 다음의 내용을 숙지한다.

단계	활동항목	활동내역	점검	담당반
1. 예방	1-1 공통활동	1. 년간 정기 예방점검 계획 수립·시행		리스크관리팀
		2. 설비고장 시 시설보전팀 등 대응조직 구성		
		3. 구매팀 연결 구매처 정보 리스트 관리,ERP 정보,		
	1-2 정보수집 / 전파	4. 현장 문제내용보전팀, 구매팀 정보교환,		
		5. 팀별, 협력업체와의 비상연락망 구축		
		6. 거래선 부품 이동시 운송,납기 정보		
	1-3 리스크관리 능력강화	7. 설비문제점, 작업자 즉시 시설보전팀 연결		
		8. 보전의뢰서 발생부서장 결제 시설보전팀 의뢰,		
		9. 리스크관리방지 설비 청소, 주유관리 주1회,		
2. 대비	2-1 관심	1. 설비 가동시 비정산부분 재확인 한다,		담당부서
		2. 관련사항 설비 이력 관리,		
		3.부품 재고 관리,시설보전 관리		
	2-2 주의	4. 문제 설비 운전자 교육		담당부서
		5. 작업시작전,후 정비가동 상태 확인후 가동		
		6. 비가동시 연결해당부서 통보 조치		
		7. 문제발생시 즉시 조치부서에(구매,보전팀)통보		
		8. 야간에 보전팀장에게 유선연락,		
		9. 지속문제 설비에 대하여 대체설비 점검한다,		
	2-3 경계	1. 설비로 인한 품질 문제 방지 담당자 조치,		총괄지휘반
		2. 대체설비 정상화 되도록 일상 점검,		
		3. 원인분석 하여 정보교류 한다,		
		4. 납기지연에 대하여 본부로 통보		
		5. 전화,ERP로 협조 요청		
		6. 현장과,구매팀 회사와 공유 처리		
		7. 현장에서 작업자의 보고체제를 강화 한다,		
		8. 해당팀 요청사항및,설비에 대한 인식시킨다,		
		9. 스피아 파트 항상 확보 문제시 즉시 처리한다,		구매
		10. 현장작업 실수 경험자를 배치한다,		
		11. 대체설비 부족시 외주작업 의뢰한다,		
		12. 협력업체의 설비등 파악하여 의뢰한다,		
		13. 해당의뢰업체 요구사항을 정확하게 요청한다,		
		14. 확인하고 정확하게 의뢰한다,		
	2-4 심각	15. 설비 문제로 납기 지연시 해당팀으로 협조한다,		총괄지휘반
		16. ERP로 재고,재공을 현황 파악을 하도록 한다,		
		17. 협력업체별 현황 및 사전점검후 의뢰 한다,		
		18. 거래선 특정을 정확하게 교환한다,		

사출금형제작 설비관리

단계	활동항목	활동내역	점검	담당반
		19. 부품별 대체 협력업체 동정업계 정보 교환한다		
		20. 가격등,규격을 정확하게 확인한다		
		21. 계획,정보 수시 확인 한다		구매
		22. 자제팀,시설보전팀 협조 요청한다,		
		23. 불필요 부품 거래선 협조 즉시 수입,구매 요청,		
		24. 생산본부로 통하여 거래선 사전 협조 요청한다,		
		25. 시설보전팀 자제 보유 현황 LIST 관리한다,		
3. 대응	3-2 현장설비관리	1. 부서장 현상 파악하여 대치,재발방지 강구,		위원장
		2. 입고시 확인 회사와 협의 조치한다		
		3. 견적서,가격 판정후 처리한다		재난리스크 관리팀
		4. 리스크경보 발령 및 관련조직 등에 전파		
		5. 품질,규격을 충분히 검토 한다		
		6. 현장에서 확인하여 회사에 보고 한다		총괄지휘반
		7. 신속한 결제,구매 처리한다		
		8. 관련업체 협조요청 한다		
		9. 시설보전팀 비가동시 정비한다		복구지원반
		10. 전기,정비 구분하여 해당팀장이 지회한다		
		11. 사용부서 결제의뢰한다		
		12. 비상연락망 시설보전팀 현장비치한다		
		13. 해당팀(구매,거래선,해당부서)협조한다		
		14. 해당팀과의 불편사항 인원및 업무분장 명확하게 한다		
		15. 구매팀, 부자제 업체 연락처 보관		대외협력반
		16. 해당설비 도면 보관관리		
		17. 해당팀 협력업체 관리한다		
		18. 대체 협력업체에 정보를 교환한다		
4. 복구	4-1 기본방향 결정	1. 복구 문제점 확인하여 재발방지대책 수립한다		대외협력반
	4-1 피해조사	2. 문제발생현황 현장에서 보고한다		복구지원반
		3. 자체 처리 가능한 운전자가 조치하도록 교육		
		4. 부서장이 직접 보고 처리한다		총괄지휘반
		5. 필요시구매처등 협조사항을 요청한다		대외협력반
	4-2 복구계획 수립	6. 설비 이력 관리한다		
		7. 창고 재고를 파악한다		총괄지휘반
		8. 일정을 정확하게 하도록 한다		
		9. 문제발생시 원인 보고서 작성하여 처리한다		
		10. 보고서 금액을 산출하여 보고 처리한다		복구지원반
		11. 설비교체등 검토후 처리한다		

(2) 고장 발생 유형

모든 기계는 동일하게 기계 및 전기 부문에서 발생하는 요인은 다음과 같다.

<표3-1-12> 고장의 형태

기계계통의 고장 형태	전기계통의 고장 형태
피로 (fatigue), 누출 (leakage), 마멸, 마모(wear), 열 충격 (thermal shock), 충격(impact), 부식 (corrosion), 탄력훼손(elastic deformation), 표면약화 (surface fatigue), 방열손상(radiation damage), 파괴(spalling), 부식마모 (corrosion), 균열(delamination), 굴절(buckling), 기타	진동, 이음, 발열, 이상 압력, 과부하장치, 작동불량, 배출불량, 속도불량, 소염, 지시불량, 압력불량, 온도불량, 과 운전, 계량불량, 제어불량, 절연불량, 고착, 소선, 변형, 단전, 변색, 개폐불량, trip, 감도불량, 접촉 불량, 작동확인불량, 온도 불안정, 기타

(3) 고장의 원인

고장의 형태는 회사별로 기계별로 일정한 고장을 발생하므로 과거의 이력, 수리방식 및 조치 내용 등을 토대로 하게 된다. 다음의 예는 재료열화, 기능저하의 형태가 또 다른 고장원인이 됨을 제시한다.

<표3-1-13> 고장의 형태

1차적 비정상 형태		2차적 고장형태
재료 열화	줄어듬, 쪼개짐, 강도저하, 변형, 기타	누수, 진동, 소음, 박리, 탈락, 파손, 온도이상, 유량이상, 오염, 무너짐, 전기 계통 불량, 기능저하 이상반응, 기타
기능 저하	느슨함, 더러움, 침하, 능력저하, 절연불량	

  가. 고장원인의 분류
    - 설계 결함
    - 재료 결함
    - 공정과 생산 결함
    - 조립 부적합
    - 설계 부적합 또는 용역조건 미흡
    - 정비 결함
    - 운전 부적합

  나. 기계고장 형태 분류
    - 변형 : 소성, 탄성 등
    - 파손 : 균열, 피로파손, 피팅(fitting) 등
    - 면 변경 : 헤어라인 균열, 캐비테이션, 마멸 등

사출금형제작 설비관리

- 재료의 변형 : 오염, 부식, 마멸 등
- 변위 : 느슨함, 고착, 큰 간극 등
- 누설
- 오염

(4) 설비의 점검 및 요소
설비의 취급설명서 또는 매뉴얼에 의해 정해진다.

가. 점검 항목
- 구조, 명칭, 시방 및 기능
- 작동원리
- 운전요령 (준비, 운전)
- 이상 현상 및 조치방법
- 일상점검

<표3-1-14> 점검항목 및 요소

기계요소	항목
기계요소	체결부품 (볼트, 너트, 키, 코터 핀), 축 및 베어링(축, 축 이음, 롤러베어링, 볼 베어링), 부품 (패킹, 실, 가스킷), 압력 용기, 관이음, 밸브
구동장치	전동기, 벨트, 체인, 변속기, 클러치, 브레이크
윤활장치	그리스, 펌프와 유닛, 배관, 윤활 부, 오일 탱크, 필터, 밸브
유압-공압장치	작동유, 오일 탱크, 필터, 펌프 유닛, 배관 및 커플링 부, 유량 제어 밸브
전기장치	스위치, 제어반, 모터, 리밋 스위치, 광전 스위치
설비진단장치	온도계, 압력계, 차압계, 유면계

4 장비의 점검항목

1. 구멍가공

(1) 드릴머신

기간	점검항목	
일일점검	구동 벨트 점검	■ 벨트의 장력 점검
	척 점검	■ 드릴 고정시 이상 유무 체크

단원명 3 설비점검 유지보수하기

기간	점검항목	
	척 핸들 점검	■ 드릴 고정시 사용되는 척 핸들의 상태 점검 (마모시 교체)
	각부 작동 점검	■ 스핀들 회전상태 ■ 테이블 작동 상태 ■ 고정장치 작동 상태
정기점검	전원선 점검	■ 감전 위험 요인 상태 점검 (피복상태, 접지)
	구동 벨트 점검	■ 외관 상태 점검
	풀리 점검	■ 회전수 결정해 주는 단차풀리 상태 점검

2. 원통가공

(1) 선반

기간	점검항목	점검 내용
일일점검 (수시점검)	주축 회전수 변환장치	■ 회전수 변환관련 레버 및 스위치 상태 점검
	브레이크	■ 위험 발생시 기계의 전원차단 및 모터의 회전 강제정지
	왕복대 핸들	■ 작동 이상유무 확인
	메인 전원스위치	■ 기계 운전 관련된 스위치 점검
	절삭유 전원스위치	■ 절삭유 송출 상태 점검
	윤활유 급유장치	■ 윤활유 급유 장치 작동 이상유무 확인
	정-역회전 조작레버	■ 작동 이상유무 확인
	각부 작동 점검	■ 각 이송부의 원활한 이송상태 확인 ■ 스핀들 회전상태
정기점검	구동 벨트	■ 벨트의 장력 및 외관상태 점검
	극한스위치(리미트스위치)	■ 작동 이상유무 확인
	모터의 지지정도	■ 모터 고정볼트 점검
	심압대	■ 작동 이상유무 확인 및 주축의 점검
	브레이크 시스템	■ 브레이크 패드 점검
	오일 점검	■ 기어박스 내 오일상태 점검 (오염정도, 유량정도)
	공구대	■ 바이트 고정용 볼트 점검 ■ 공구대 고정 레버 점검
	절삭유 탱크	■ 절삭유 상태 점검 (오염정도, 유량정도)

사출금형제작 설비관리

(2) CNC 선반

기간	점검항목	점검 내용
일일점검 (수시점검)	헤드 냉각 장치	■ 냉각 장치의 펌프 작동 상태
	윤활장치	■ 오일급유 장치 작동 상태
	절삭유 장치	■ 게이지 확인
	에어 유출	■ 에어회로 누수 확인
	주변 정리	■ 공구 정리 및 기타 정리
	외관점검	■ 베드 면이나 미끄럼면 확인
	유량점검	■ 유압 탱크내의 유량 확인
	공유압점검	■ 압력게이지 상태 확인
	각부 작동 점검	■ 각 이송부의 원활한 이송상태 확인 ■ 스핀들 회전상태 ■ 공구대 작동 상태 ■ 심압대 작동 상태
정기점검	필터 점검	■ 오일필터 및 에어필터 상태 점검
	테이프 리더부	■ 디스켓 데이터 전송 상태 점검
	유압작동유 점검	■ 오일 상태 및 오일량 점검
	주축헤드 점검	■ 주축헤드 작동 및 윤활상태 점검
	ATC 구동부 점검	■ ATC 구동부의 기어 윤활상태 및 작동 점검
	오일탱크 점검	■ 오일량 점검
	절삭유 탱크 점검	■ 절삭유 상태 점검 (오염정도, 유량정도)

3. 평면가공

(1) 밀링머신

기간	점검항목	점검 내용
일일점검 (수시점검)	회전수 변환장치	■ 스핀들 축 회전 방향 조절 장치 점검
	비상스위치	■ 위험 발생시 기계의 전원 및 작동을 비상 정지함
	절삭유 장치	■ 작동 이상유무 확인
	메인 전원 스위치	■ 기계 운전 관련된 스위치 점검
	윤활유	■ 게이지 상태 점검
	윤활유 급유장치	■ 윤활유 급유 장치 작동 이상유무 확인
	공구 착탈장치	■ 작동 이상 유무 점검
	각부 작동 점검	■ 각 이송부의 원활한 이송상태 확인 ■ 스핀들 회전상태

기간	점검항목	점검 내용
정기점검	구동 벨트	■ 벨트의 장력 및 외관상태 점검
	주축헤드 점검	■ 주축헤드 작동 및 윤활상태 점검
	바이스	■ 스핀들 축과 수직도 점검 ■ 테이블 이송과 평행도 점검
	오일탱크 점검	■ 오일량 점검
	절삭유 탱크 점검	■ 절삭유 상태 점검 (오염정도, 유량정도)

(2) 머시닝 센터

기간	점검항목	점검 내용
일일점검 (수시점검)	헤드 냉각 장치	■ 냉각 장치의 펌프 작동 상태
	윤활장치	■ 오일급유 장치 작동 상태
	절삭유 장치	■ 게이지 확인
	에어 유출	■ 에어회로 누수 확인
	외관점검	■ 베드 면이나 미끄럼면 확인
	유량점검	■ 유압 탱크내의 유량 확인
	공유압점검	■ 압력게이지 상태 확인
	각부 작동 점검	■ 각 이송부의 원활한 이송상태 확인 ■ 스핀들 회전상태 ■ 공구대 작동 상태
정기점검	필터 점검	■ 오일필터 및 에어필터 상태 점검
	테이프 리더부	■ 디스켓 데이터 전송 상태 점검
	유압작동유 점검	■ 오일 상태 및 오일량 점검
	주축헤드 점검	■ 주축헤드 작동 및 윤활상태 점검
	ATC 구동부 점검	■ ATC 구동부의 기어 윤활상태 및 작동 점검
	오일탱크 점검	■ 오일량 점검
	바이스	■ 스핀들 축과 수직도 점검 ■ 테이블 이송과 평행도 점검
	절삭유 탱크 점검	■ 절삭유 상태 점검 (오염정도, 유량정도)

4. 연삭기

기간	점검항목	점검 내용
일일점검 (수시점검)	가공액 공급장치	■ 오염정도 및 유량 점검
	기계 시운전	■ 진동, 소음, 누유 점검

사출금형제작 설비관리

기간	점검항목	점검 내용
	숫돌	■ 외관 상태 점검 ■ 드레싱 작업
	마그네틱 척	■ 작동 상태 점검
	흡진장치	■ 작동 상태 점검
	조작 장치	■ 작동 이상유무 점검
	외관점검	■ 작업 테이블 상태 점검
정기점검	필터	■ 흡진장치 필터 점검 ■ 연삭유 필터 점검
	연삭유	■ 오염정도 및 유량점검
	유압 유니트	■ 유압 게이지 점검
	숫돌	■ 밸런싱 점검 ■ 플랜지 점검
	마그네틱 척	■ 표면 상태 점검 (평면도) ■ 테이블 이송과의 평행도 점검
	가공액 공급장치	■ 작동 이상 유무 점검 ■ 청소상태 점검

5. 방전가공

기간	점검항목	점검 내용
일일점검 (수시점검)	가공액 공급장치	■ 가공액 량 충분한 지 확인
	기계 시운전	■ 진동, 소음, 누유 확인
	소화장치	■ 저장용기 압력계 확인 ■ 열감지 청소 상태 확인
	가공 탱크	■ 액면 검출장치 확인
	가공냉각장치	■ 에어필터 청소상태 확인
	열 감지기	■ 열 감지기 청소 상태 확인
	윤활장치	■ 오일급유 장치 작동 상태
	가이드	■ 상하 가이드 수직 상태 점검 ■ 통전 핀 청소 ■ 상하부 다이스 청소
	외관점검	■ 작업 테이블 상태 점검
	유량점검	■ 유압 탱크내의 유량 확인
	자동결선장치	■ 결선 동작 점검 ■ 히팅전압 점검 ■ 절단 동작 점검

단원명 3 설비점검 유지보수하기

기간	점검항목	점검 내용
		■ 롤러부 청소 점검 ■ 상 가이드 청소 점검 ■ 회수 장치 칩제거 점검
	극간선	■ 피복 점검 ■ 접점 점검 ■ 연결부 조립상태 점검 ■ 간섭 여부 점검 ■ 터미널 연결부 점검 ■ 볼트 조립상태 점검
	이송계	■ 원점 복귀 기능 점검 ■ 축 이동 기능 점검 ■ 기계 원점 기능 점검
	공압장치	■ 압력확인 ■ 압력 스위치 점검 ■ 배관 부위 점검 ■ 청소용 공압 분출 점검 ■ 필터 장치 탱크 작동 상태 점검
	윤활장치	■ 배관 부위 점검 ■ 펌프 작동 상태 점검 ■ 윤활유 공급 상태 점검
	냉각장치	■ 설정온도 체크 ■ 배관 부위 누수 점검 ■ 장치 자동 이상유무 점검 ■ 청소상태 점검
정기점검	시스템	■ 기계 시스템 프로그램 재설치 ■ 가공 전용 프로그램 재설치
	가공 테이블	■ 전원 공급상태 점검 ■ 전력 케이블 접촉 부분 청소상태 점검
	이온수지	■ 상태 점검 (오염 정도 및 교체시기)
	유압 유니트	■ 유압 게이지 점검
	가공 탱크	■ 액온 검출 장치 작동 여부 확인
	필터	■ 이온수지 필터 점검 ■ 냉각수(가공액) 필터 점검
	기계본체	■ 레벨링 확인
	가공액 공급장치	■ 작동 이상 유무 점검 ■ 청소상태 점검

사출금형제작 설비관리

기간	점검항목	점검 내용
	자동결선 장치	■ 와이어 점검 ■ 볼트 및 커넥터 조립상태 점검 ■ 스위치 및 센서 동작 상태 점검
	냉각장치	■ 공급 전압 상태 점검 ■ 볼트 및 커넥터 연결 상태 점검
	가이드	■ 극간선 연결 터미널 점검 ■ 상부 플랜지 상태 점검 ■ 실린더 점검 ■ 볼트 및 커넥터 연결 상태 검검
	극간선	■ 누수 상태 점검 ■ 터미널 바 조립상태 점검
	이송계	■ 각축 흔들림 정도 검검 ■ 정적 정밀도 점검 ■ 위치 결정 정밀도 점검 ■ 이송 정도 점검 ■ 자바라 마모 상태 점검 ■ 서보 모터 공급 전압 점검 ■ 원점 복귀 동작 스위치 점검 ■ 비상 정지스위치 점검
	공압장치	■ 압력조정장치 점검 ■ 압력 스위치 점검 ■ 필터 장치 오염도 점검
	윤활장치	■ 펌프모터 공급 전압 점검 ■ 볼트 및 커넥터 연결 점검 ■ 압력 스위치 동작 점검 ■ 플로터 스위치 동작 점검

단원명 3 설비점검 유지보수하기

실기내용

1. 선반과 밀링의 일일점검 항목과 점검내용 알아보기
선반과 밀링의 일일점검 항목과 내용은 아래의 표와 같다.

	점검항목	점검 내용
선반	주축 회전수 변환장치	■ 회전수 변환관련 레버 및 스위치 상태 점검
	브레이크	■ 위험 발생시 기계의 전원차단 및 모터의 회전 강제정지
	왕복대 핸들	■ 작동 이상유무 확인
	메인 전원스위치	■ 기계 운전 관련된 스위치 점검
	절삭유 전원스위치	■ 절삭유 송출 상태 점검
	윤활유 급유장치	■ 윤활유 급유 장치 작동 이상유무 확인
	정-역회전 조작레버	■ 작동 이상유무 확인
	각부 작동 점검	■ 각 이송부의 원활한 이송상태 확인 ■ 스핀들 회전상태

기간	점검항목	점검 내용
밀링	회전수 변환장치	■ 스핀들 축 회전 방향 조절 장치 점검
	비상스위치	■ 위험 발생시 기계의 전원 및 작동을 비상 정지함
	절삭유 장치	■ 작동 이상유무 확인
	메인 전원 스위치	■ 기계 운전 관련된 스위치 점검
	윤활유	■ 게이지 상태 점검
	윤활유 급유장치	■ 윤활유 급유 장치 작동 이상유무 확인
	공구 착탈장치	■ 작동 이상 유무 점검
	각부 작동 점검	■ 각 이송부의 원활한 이송상태 확인 ■ 스핀들 회전상태

안전유의사항

• 설비 점검 유지보수시 장비의 운용 방법을 습득하고 실시한다.

사출금형제작 설비관리

관련 자료

- 매뉴얼(각 설비 제조사별 기계사용 설명서, 유공압 회로, 전기회로도, 유지보수 설명서 포함)
- 설비 점검 매뉴얼(책자, 파일, CD)
- 설비 작업 표준서
- 설비 일일, 정기점검 LIST
- 설비 정밀도 점검 LIST(공인 인증 업체)
- 측정기 사용 매뉴얼
- 설비 서비스 연락처
- KS 및 ISO 규격집

단원명 3 설비점검 유지보수하기

3-2 설비 유지보수

교육훈련 목표: 기계 정밀도를 유기하기 위해 매뉴얼에 정해진 것에 따라 유지보수를 판단할 수 있다.

필요 지식

1 설비 유지

부품 가공에 사용되는 장비의 상태유지는 제품의 품질을 결정하는데에 중요한 요인이라 할 수 있다. 정기적으로 기계 상태의 정밀도를 유지하기 위한 업무를 봐야하는데 간단한 정비는 사업체에서 할 수 있겠지만, 기계의 성능점검은 인증기관으로부터 받아야 한다. 사출금형 가공설비에 대한 유지보수 관리에서 가장 기본적으로 실행해야 하는 항목 선정을 실시한다. 이는 사출금형 가공설비 유지보수 업무에 대한 기본적인 원칙을 제시하여 사출금형의 초기 품질을 지속 유지하기 위한 관리 규정방안 작성의 처음 단계로 유지보수 방법, 점검사항 등을 결정하는 기준이 된다. 이에 앞서서 기계의 정밀도를 유지하는 최선의 방법은 이물질 제거와 오일류의 정기적인 교체가 중요하다. 요즈음 장비는 유압의 이용과 제어 기능이 들어가 있는 정밀 소형 장비들이 많아지고 있다. 장비의 성능을 유지하기 위해서는 꾸준한 관리가 필요하다.

1. 원통가공

(1) 선반

가. 기계의 수평 확인

선반의 수평 정도에 따라 기계 운용시 진동의 세기 및 뒤틀림의 원인이 되어 기계의 수명과 정밀도에 영향을 미친다. 수평작업은 베드의 중앙부를 기준으로 완전 수평이 이루어지게 해야 한다. 베드의 수평 조절은 지지대 하부에 부착되어 있는 수평 볼트로 수준기를 보면서 조정한다.

[그림3-2-1] 수평조정 볼트

나. 심압대 센터 작업

- 방법1 : 척이 주축에 장착이 되어있는 경우 작은 공작물을 고정하고 테이퍼를 30°틀어서 각이 60°인 주축테이퍼를 만들고, 심압대에는 라이브센터를 설치하고 그 사이

에 테스트 바를 설치한다. 새들 위에 다이얼 인디케이터를 설치하고 축 방향으로 차이 값이 0.002mm이내가 되도록 심압대 조정볼트로 조정한다.

<방법2 : 방법1에 의한 심압대 중심내기 확인방법>
- 방법2 : 척에 130mm전·후 정도의 환봉을 고정하고 외경을 절삭한다. 치수에 관계없이 정삭 후 센터구멍을 내고 심압대에 라이브센터로 공작물 끝을 지지한다. 그리고 나서 다시 정삭가공을 실시하고 공작물 끝단을 마이크로미터로 측정하고 테이퍼가 발생 시 조정볼트를 풀고 조임으로서 그 차이가 0.005mm 이내로 맞춘다.

[그림3-2-2] 심압대

다. 선반 척 유지보수

척을 오래 사용하거나 힘을 너무 과도하게 주어 공작물을 조이는 경우 척 내부에 있는 나사 및 조(Jaw)가 파손되어 공작물 물림이 불량하게 되는 경우가 발생한다.

선반 척 유지보수

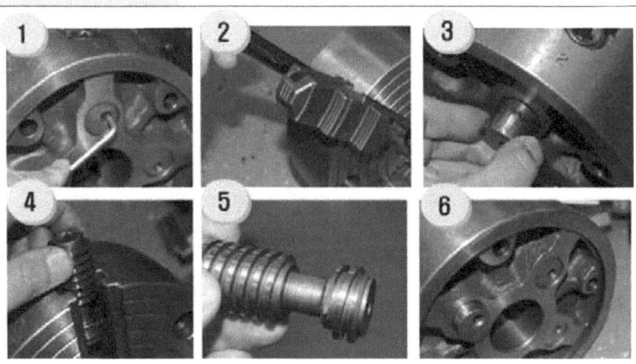

① 척 핸들을 이용 조(Jaw)를 분리한다.
② 나사를 붙잡고 있는 U자 홀더의 뒤쪽을 L렌치로 푼다.
③ U자 홀더를 분리한다.
④ 나사를 분리하여 점검한다.
⑤ 파손된 나사는 새 부품으로 교체한다.
⑥ 조립은 역순으로 하되 나사 홀더의 끝 부분이 척 본체 안쪽으로 들어가게 한다.

라. 세로이송대 과다 틈새 불량

세로이송대(또는 크로스 이송대)에 대하여 유격이 많이 발생 할 경우 틈새를 보정할 필요가 있다.

백래시 보정작업

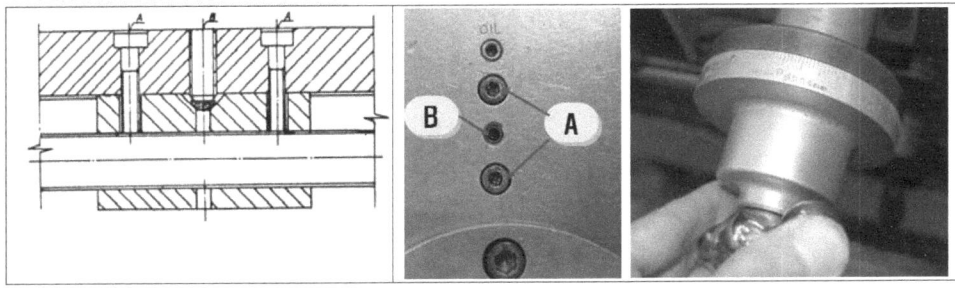

- 방법1 : 작업 중 백래시가 커지면 Cross slide의 이송나사의 A부분을 약간 풀고 B를 조이면 백래시가 조정이 된다.
- 방법2 : A볼트를 약간 풀고 세로이송대(Cross slide feed Handle)를 시계방향으로 돌리고, 반시계방향으로 돌렸을 때 헛돌아가는 부분의 1/2이 되는 위치에 세로이송핸들을 위치시키고, B을 약간 조인 후, 다시 위의 과정을 반복한 후 A를 최종적으로 적당량 조인다. (B를 너무 세게 조이면 세로이송핸들이 돌아가지 않으므로 적절히 조인다)

마. 세로이송대 이송 불량

테이퍼 플레이트 조정

① 에이프런 뒷면의 더브테일 부분에 쇄기형 막대가 조립되어 있는데, 양쪽의 테이퍼 plate 조정볼트를 풀고 분해하여 청소 및 상태를 확인한다.
② 쇄기형 막대는 단면의 형상이 큰 쪽으로 빼내면 되며, 이물질을 제거하고 오일을 도포하여 조립한다.
③ 핸들을 돌려가면서 앞 뒤 고정나사를 조정 하면서 쐐기의 위치를 조절한다.

사출금형제작 설비관리

(2) 머시닝센터

항목	이미지	내용
헤드 냉각 장치		- 탱크의 유량 : 오일탱크에 오일이 정상적으로 있는 확인 - 냉각장치 펌프 작동 상태 : 냉각장치의 펌프가 정상적으로 작동하고 있는지 확인
윤활장치		- 공기압: 공기압은 5kg/c㎡ (5 Bar) 정도 되는지를 압력 게이지로 확인 - 오일량 : 오일탱크에 오일이 정상적으로 있는지를 확인
유압장치		- 오일 게이지: 설비 가동 전에 오일 게이지를 육안으로 확인하여 오일 양을 확인
테이블		- 공작물을 올리기 전에 테이블이 청소가 되어 있는지 주변에 이물질은 없는지를 확인 - 전날 공작물의 가공이 끝난 경우 항상 테이블 청소를 실시하여 테이블 녹 방지 및 이물질로 인한 테이블 손상을 사전에 제거 - 테이블 청소를 위해 항상 설비 주변에 Oil stone를 구비하며, Cheap 제거를 위해 사전에 테이블 주변을 Air로 청소를 실시
기계누유		가공시 윤활유 및 유압작동유 등의 오일이 외부로 누유가 되는지 확인
작업장 상태확인		- 절삭유 및 기타 오일등이 바닥에 흐르지 않도록 관리하고, 기계 자체의 누유여부를 확인
비상정지버튼		- 작업 중이나 정지 중일 때, 비상정지 버튼이 제대로 작동하는지를 확인 - 비상정지버튼을 해제할 때 버튼이 올라오는지 확인도 필요
에어 필터		- 에어필터 상태 확인하여 이물질이나 많이 오염되어 있으면 새 필터로 교체
냉각 chiller		- 이물질에 의해 막혀 있는지 확인

단원명 3 설비점검 유지보수하기

항목	이미지	내용
공구삽입부 청소		- 청소용 도구를 이용하여 헤드와 공구 척 부근을 청소
구리스 도포		- 마찰이 발생되는 부품들에 구리스를 충분히 도포

5. 방전가공

(1) 와이어 방전가공기

가. 와이어 경로 확인

와이어가 감겨 있는 보빈을 설치하고, 와이어를 팽팽하게 한 후 주행시킨다. 와이어 회수 상자 내부에 있는 와이어가 깨끗하게 회수되었는지, 와이어 컷팅 장치에 와이어가 감겨있지 않는지 확인한다. 와이어를 결선하여 주행을 시킨 다음 와이어가 잘 절단되는가를 확인한다.

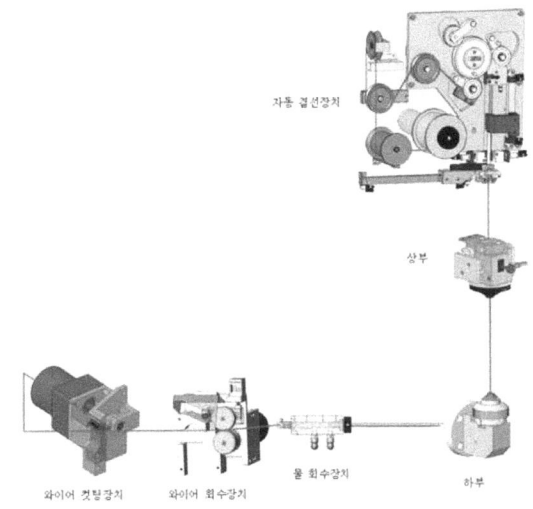

[그림3-2-3] 와이어 이송 경로

나. 상, 하부 절연판(세라믹) 점검

세라믹으로 구성되어 있는 상, 하부 가이드 지지판은 절연 소재이고 기계 작동 중 외부적인 충격 발생시 지지판의 파손으로 기계를 보호하는 역할을 한다. 가공중에 발생되는 미세한 금속가루가 축적되어 전류가 통하게 되면 가공성능이 저하되게 되므로 정기적으로 지지판을 블러쉬, 제청제 등으로 청소하여 청결을 유지한다.

사출금형제작 설비관리

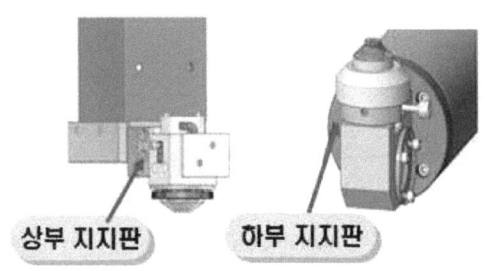

[그림3-2-4] 상하부 가이드

다. 노즐 점검

상, 하부 노즐은 가공부에 효율 좋은 가공액을 공급하기 위한 부품으로 노즐 입구에 홈이 간 곳이 있는가를 확인하고 이상 발생시 부품을 교체한다.

[그림3-2-5] 가이드 내의 노즐 상태

라. 가공액 확인

가공액 공급장치에 부착되어 있는 유량확인 봉이 적당한 위치에 있는지 점검하고 눈으로 직접 가공액 탱크의 유량을 확인한다. 만약 가공이 부족한 경우에는 적정 수위까지 보충하여 준다.
 - 가공액이 방전부분을 충분히 담을 점도의 수위를 유지 하는가를 확인한다.
 - 가공액이 적정수위 이하로 낮아질 경우 자동으로 전원공급이 차단되도록 하는 안전장치는 되어 있는가를 확인한다.
 - 작업 중에 발생하는 증기가 실내에 체류하면 다른 발화원에 의한 화재, 폭발 위험이 있으니, 가공 전 환기 시설 작동여부 확인한다.

마. 가공조 점검 및 청소

워크 탱크 내에 슬러지가 쌓여있는 경우에는 청소 노즐을 이용하여 청소를 해준다. 침수식의 경우에는 급속 충만 스위치를 작동시켜 물을 채우면서 청소하여 주시고 각 플로팅 스위치가 정상적으로 작동하는지 확인한다.

단원명 3 설비점검 유지보수하기

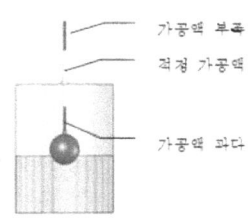

[그림3-2-8] 가공액 탱크

바. 워터젯 작동상태 확인

하부 결선 스위치가 켜져 있는 상태에서 워터젯 스위치를 ON 하여 상부 워터젯 노즐에서 물이 분출 되는지 확인한다. 워터젯의 물줄기가 퍼지지 않고 한 줄기로 직진성을 유지하는지 확인하고 만약 그렇지 않으면 워터젯 노즐과 패킹을 점검한다.

사. 냉각장치 에어필터 청소상태

- 냉각장치의 에어필터의 청소상태를 확인한다. 에어필터의 청소상태가 불량인 경우 냉각장치의 과열로 인한 화재 발생 위험이 있으므로 확인해야 한다.

(2) 세혈방전가공기
가. 펌프관리 방법

작업	이미지	내용
펌프 오일 체크 및 교환		① 오일 게이지의 적정선(LOW~HIGH 중간점)에 있는지 확인한다. ② 오일 보충시 오일 확인 창에 중간점까지 주유한다.
펌프 청소 방법		펌프를 주기적으로 청소를 할 때엔 아래 부품을 깨끗하게 청소해야 한다. 오일 주입구, 오일 확인 창, 압력 조절 밸브, 압력 게이지, 바이패스밸브, 6, 8 바이패스 라인 고압 출구, 주입구 등에 불순물을 제거하여 가공 중에 막힘현상을 미연에 방지할 수 있다.
		볼트(피스톤밸브) 1번 ~ 6번까지 풀어낸다. ※ 참고) 복스(27mm) 사용을 권장한다. 볼트(피스톤밸브)풀어 분해시엔 분실에 유의해야 한다.
피스톤 밸브		"P" 부분을 (-)드라이버를 이용 살짝 뒤틀면 쉽게 분리된다. 피스톤 밸브 여섯 개를 깨끗이 청소를 한다.

133

사출금형제작 설비관리

작업	이미지	내용
		피스톤밸브 부속 1~4번을 순서대로 조립한다. "5" 번은 완료된 피스톤밸브이다.
고무링		1~6번 Hole 내부를 깨끗이 청소한다. ※ 주의) Hole 내부 청소시 내부의 오링 분실에 유의한다. 조립 완료된 볼트(피스톤밸브)를 1~6번에 잘 맞춰 조립한다.
조립 후 점검		조립된 상태의 배관을 한번 더 확인한다. Z축 드릴 척을 분리 한다. F8 = (Water Pump) 고압펌프를 ON 시킨다. 바이페스 밸브를 반시계방향으로 풀어 준다. 약 20초간 (상부에서 물이 잘 나올 때)까지 대기한다. 바이페스 밸브를 시계방향으로 잠가준다. 확인이 모두 마쳤으면, 가공을 재개한다.

나. 스핀들 관리 방법

이미지	내용
	① 해드부 커버를 벗겨 낸다. ② "C" 콘넥터를 분리 한다. ③ 모터의 볼트 3 개소를 풀어 모터를 분리한다. ④ "D" 볼트를 풀어 카본을 분리한다. ⑤ "E" 볼트 4곳을 풀어준다. ⑥ 고압 노즐부를 천천히 위로 뽑는다.
	① 스패너 17mm(하부) 22mm(상부)를 잡고 풀어준다. ② "F" 4곳의 볼트를 풀어준다. ③ 기어박스를 위로 올려 해드부에서 분리한다. ④ "G" 기어도 함께 빼 준다.
	① 샤프트 축을 위로 올린다. ② "J" 베어링 상태 확인후 교환 (6002) ③ "K" 베어링 상태 확인후 교환 (7002) 1조 ④ "M" 볼트를 풀어 베어링 하우징 분리 ⑤ 베어링 하우징 내부의 베어링 확인 ⑥ 베어링 상태 확인후 교환 (6804)
	① 오링 교환시 작은 오링을 큰 오링 사이에 포개어 넣는다. (오링 규격은 P3, P7 (2T)이다.) ② 오링및 베어링 교환시 구리스 급유 해 준다. ③ 교환 완료하였으면, 재조립한다.

다. 스핀들 베어링 교환

작업 사진	내용
	1> 초경 분사 노즐 2> 노즐 고정 브라켓 3> 노즐 지지 브라켓 4> 샤프트 고정 볼트 5> 타이밍 벨트 ☞ 76XL 6> 와셔 7> 고무 오링 　☞ 小 : P3 2T, 大 : P7 2T 　☞ 대 오링 안쪽에 소 오링을 넣는다. 8> 베어링 (No. 6002) 9> 엥귤러베어링 (No. 7002) 10> 스핀들 샤프트 11> 베어링 (No. 6804) 12> 베어링 하우징

① 체크 부위의 볼트를 제거한다.② 스테인리스 커버를 분리한다.
※ W축 이송시 공작물과의 충돌에 각별히 유의한다.
③ 체크 부위의 볼트를 제거한다. 그림 반대편도 제거 한다.
④ 해드부 커버를 화살표 방향으로 분리한다.
※ 커버 분리시 무리한 힘을 가하지 않는다.

① 기계 뒤편의 "C"위치의 에어(Air)를 제거한다.
② 에어 호수 "D"를 분리한다.

① 각종 콘넥터 "E"위치의 콘넥터를 모두 제거한다.
② 체크 부위 "F" 의 볼트를 풀어낸다.
③ 모터와 기어박스를 해드 부에서 분리한다.

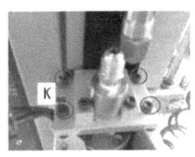
① 1) 노즐 고정 브라켓 "K" 의 볼트(4개소)를 제거한다.
　☞ 체크부위(4개소) 참조
② 노즐부를 위쪽으로 올려 해드부에서 분리한다.
③ "H" 무드볼트(4개소)를 반시계방향으로 한 바퀴씩 풀어준다.
④ "G" 샤프트 고정 볼트를 완전히 풀어낸다.

사출금형제작 설비관리

작업 사진	내용
	① 노즐부를 다시 체결한다. "J" 위치를 잘 맞추어 넣어 준다. ② 콜렛을 제거한 상태에서 "K"와 같이 에어(Air)를 천천히 불어 넣어 준다. ③ 그림 "J"노즐부를 위로 올려준다. ④오링을 교환 한다. ☞ 오링 P3(2T), P7(2T) 겹처사용 ☞ 오링 P7(2T) 안쪽으로 오링 P3(2T)을 집어 넣는다. ⑤ 교환 완료하였으면, 재조립한다. ⑥ 조립은 지금순서의 역순으로 하면 된다.

라. ATC 관리 방법

작업 사진	내용
	① 왼쪽 그림은 A.T.C(Auto Tool Changer) 조작 판넬이다. ② ATC ON/OFF S/W "M"는 툴교환 척을 교환 상태 및 자동 상태로 둔다 ③ 오른쪽 그림은 ATC ON/OFF S/W를 눌러 척 교환 상태의 모습이다. ④ 전극봉을 교환하여 1~6번 위치에 넣어준다. ※ 주의 반드시 1개소는 비워두어야 한다. 기존 척 들어갈 자리이다.

	① CLIP ON < 왼쪽그림 > 상태 위쪽그림 왼쪽편 "L" S/W 동작
	② CLIP OFF <오른쪽그림> 상태 위쪽그림 오른쪽편 "L" S/W 동작
	③ CHUCK ON/OFF S/W <위쪽그림 왼쪽편>"N" 동작하면 수동 드릴 척 교환
	※ "N" Chuck S/W 동작시킬 경우 드릴척의 떨어짐 주의 하십시오.
	   자동 툴 교환은 F3 "Setting"의 F2 ~ F7 터치 선택의 툴교환 클릭한다.
	   자동 툴 교환 시 드릴 척에서 약간의 물이 나오는 것이 정상이다.

단원명 3 설비점검 유지보수하기

실기내용

1. 선반에서 백래쉬량 조정 작업하기

   백래시 보정작업

   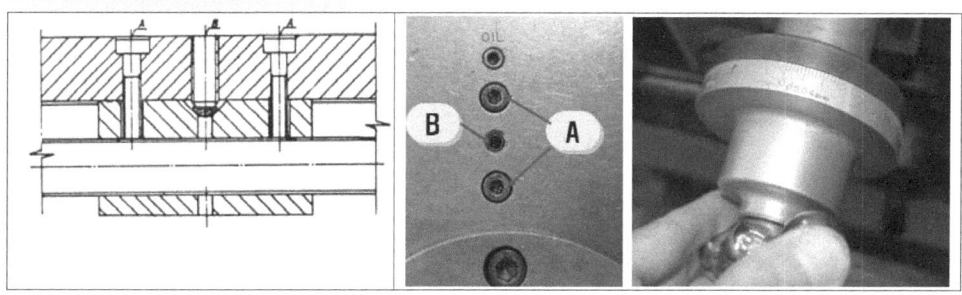

   - 방법1 : 작업 중 백래시가 커지면 Cross slide의 이송나사의 A부분을 약간 풀고 B를 조이면 백래시가 조정이 된다.
   - 방법2 : A볼트를 약간 풀고 세로이송대(Cross slide feed Handle)를 시계방향으로 돌리고, 반시계방향으로 돌렸을 때 헛돌아가는 부분의 1/2이 되는 위치에 세로이송핸들을 위치시키고, B을 약간 조인 후, 다시 위의 과정을 반복한 후 A를 최종적으로 적당량 조인다. (B를 너무 세게 조이면 세로이송핸들이 돌아가지 않으므로 적절히 조인다)

안전유의사항

- 장비 상태 점검하기 전, 기계 운용방법을 충분히 숙지하고 수행 할 것

관련 자료

- 매뉴얼(각 설비 제조사별 기계사용 설명서, 유공압 회로, 전기회로도, 유지보수 설명서 포함)
- 설비 점검 매뉴얼(책자, 파일, CD)
- 설비 일일, 정기점검 LIST
- 측정기 사용 매뉴얼
- 설비 소모품 매뉴얼
- 설비 서비스 연락처

사출금형제작 설비관리

3-3 기계의 윤활

교육훈련 목표	• 기계에 맞는 윤활을 실시하여 설비 고장과 성능저하를 방지할 수 있다.

필요 지식

1 윤활유

1. 윤활유 개요

윤활유는 액상의 윤활제로서 기유(base oil)를 원료로하여 사용목적에 알맞은 성능을 가지게 하기 위하여 각종의 첨가제를 가한 것이다. 기유는 광유(鑛油), 지방유(脂肪油) 및 합성유(合成油)로 크게 나눌수 있으며 품질, 성능, 내구성 및 가격등 종합적인 잇점 때문에 광유가 대부분이며 지방유 및 합성유의 용도는 특수한 용도에만 한정되어 있다. 최근에는 합성유의 사용이 점차 증가하고 있다.

(1) 윤활의 기유

기유는 종류에 따라 제각기 특성이 있으며 특수한 경우를 제외하고 파라핀계 광유가 가장 많이 사용되고 있다.

가. 광유(鑛油)

광유는 온도에 따른 점도의 변화를 나타내는 점도지수(Viscosity Index)에 따라 다음과 같이 분류된다.

• 점도지수
  고점도 지수(HVI) ········ 약 80이상
  중점도 지수(MVI) ········ 약 35 ~ 80
  저점도 지수(LVI) ········ 약 35 이하

나. 지방유(脂肪油)

동물성유와 식물성유로 분류하며 특수 엔진유(경주용 차량), 금속가공유등 특수한 용도외에 광유계 기유의 첨가제로서도 사용된다.

다. 합성유(合成油)

여러 가지 원료를 화학적으로 합성해서 만든 윤활유로서 대표적인 것은 다음과 같은 것이 있다.

단원명 3 설비점검 유지보수하기

<표3-3-1> 합성유 종류

명칭	적용
실리콘 오일(silicone oil)	정밀기계 및 작동유, 이형제
디 에스테르 오일(di-ester oil)	항공용 계기유, 제트 엔진유, 작동유, 저온 그리이스의 기유
인산 에스테르 (phosphate ester)	난연성 작동유

 2개의 물체가 서로 접촉해서 운동할 때 그 운동을 방해하는 저항이 마찰인데, 이 마찰의 힘을 감소시키거나 마찰에 의해 발생하는 열을 제거할 목적으로 사용하는 것이 윤활유이며, 단순히 오일이라고 하는 경우도 있다. 윤활유는 마찰을 줄이고 냉각작용을 하는 이외에 응력(변형력)의 분산·밀봉·방식(防蝕)·방진(防塵) 작용을 한다.

2. 윤활유의 종류

(1) 원료에 의한 분류
① 석유계 윤활유: 파라핀계(Paraffin)계 윤활유, 나프텐(Naphthene)계 윤활유, 혼합계 윤활유
② 비 석유계 윤활유: 동식물계 윤활유, 합성계 윤활유

(2) 점도에 의한 분류
① SAE 자동차용 엔진유 및 기어유 ② ISO 공업용 윤활유 ③ AGMA 공업용 기어유

(3) API 서비스 분류
① 가솔린기관용 엔진유 ②디젤기관용 엔진유 ③기어유

(4) 용도에 의한 분류
① 내연기관용 윤활유   ② 터빈유   ③ 기어유   ④ 냉동기유   ⑤ 기계유
⑥ 베어링 윤활유   ⑦ 금속가공유   ⑧ 유압작동유   ⑨ 압축기유

3. 윤활유의 일반성질
 석유계 광유(鑛油)를 기유(基油)로 하는 경우가 가장 많지만, 합성유·동식물유, 또는 이것들과 광유의 배합유를 기유로 하는 경우도 있다. 윤활유는 윤활제의 90%이상을 차지하고 있으며 윤활유의 대부분은 광유계이다. 액상인 윤활유가 윤활제로서 사용되기 위하여 갖추어야 할 일반성질로서는

① 사용상태에 따라 충분한 점도를 가질 것
② 限界潤滑狀態에서 견디어 낼 수 있는 油性(기름막이 안정)이 있어야 할 것
③ 산화나 열에 대해서 안정성이 있어야 한다.

사출금형제작 설비관리

최근에 보다 더 고성능의 윤활유에 대한 필요성이 높아지고 있으며, 그것을 위한 합성윤활유도 개발되고 있는데, 항공기 제트엔진용의 이가산디에스테르 등은 이미 실용화되어 있다.

4. 윤활유의 첨가제

보통, 윤활유는 앞서 말한 기유(대부분의 경우 점성도가 다른 기유를 배합해서 점성도를 조절하고 있다) 자체, 또는 필요에 따라 기유에 첨가제를 가한 것이다. 첨가제로는 산화방지제·부식방지제·청정분산제·극압제·방청제·유성 향상제·유동점강하제·소포제 등이 있다.

<표3-3-2> 윤활유 첨가제 종류

종 류	기 능
산화 방지제	산화에 의해 생성되는 부식성의 산이나 슬러지(sludge)의 생성을 방지하여 윤활유의 사용기간을 연장시켜 준다.
부식방지제	금속이 부식되지 않도록 금속 표면과 반응해서 보호막을 만든다.
청정분산제	산화에 의해 생성된 슬러지나 탄소분을 윤활유중에 아주 미세한 입자 상태로 분산시켜 부유하게 하는 작용을 한다. 따라서 청정분산제가 첨가된 윤활유를 엔진오일로 사용하면 윤활유의 색상이 빨리 검은색으로 변하게 되며, 이것은 첨가제의 청정분산 작용으로 엔진 내부를 깨끗하게 유지 한다는 증거이다.
극압제	고하중의 윤활면에서 유막이 파괴되어 금속접촉이 일어날 우려가 있는 경우에 금속과 반응하여 금속 표면에 극압막을 생성하므로서 타서 붙는 현상이나 마모를 방지하는 작용을 한다. 이 극압제는 기어유, 금속 가공유 등에 첨가되며 반응도에 따라 활성형, 불활성형 등이 있으며 활성도가 높은 것은 비철금속을 변색시킬 수도 있다.현재 극압제로서 S-P계(유황/인계)극압제가 많이 사용된다.
유성 향상제	금속표면에 첨가제가 흡착되어 피막을 형성, 경계윤활 시에 유막이 깨어지지 않도록 하며, 마찰계수를 감소시켜 주는 작용을 한다. 이것은 일종의 마찰조정제(friction modifier)이다. 일반적으로 안내면유(slideway oil)등에서 사용되는 스틱 슬립(stick slip)방지제는 넓은 의미에서의 유성향상제이며 금속가공유등에 첨가하는 지방유동 같은 효과를 가지도록 하는 것이다.
유동점 강하제	윤활유는 저온이 됨에 따라 점도가 증가함과 동시에 유중에 포함되어 있는 왁스 성분이 석출되고 이것이 결합하여 유동하기 어렵게 된다. 유동점강하제는 이 석출된 왁스 성분의 결합을 방해하여 보다 낮은 온도에서도 유동성을 갖게하는 작용을 한다.
점도지수 향상제	윤활유의 점도는 온도에 따라 변화한다. 이 변화 정도를 점도지수라고 부르며 일반적으로 파라핀계 윤활유의 점도지수는 95~110정도이다. 보다 넓은 온도 범위에서 점도변화가 작은 윤활유를 사용해야 할 때에는 보다 점도지수가 높은 윤활유가 필요하다. 이러한 경우에 점도지수 향상제를 첨가하며, 멀티그레이드(multigrade)윤활유는 점도지수 향상제가 첨가된 것이다.
방청제	금속표면에 방청막을 만들어 금속표면이 공기, 수분등과 접촉하는 것을 막아 녹의 발생을 방지한다. 방청제를 산화방지제와 함께 사용하는 것이 윤활유의 기본 형태이며 첨가 터어빈유 등이 그 예이다.

단원명 3 설비점검 유지보수하기

종 류	기 능
소포제	윤활유를 사용하는 도중에 교반에 의해 공기가 섞여 기포가 심하게 발생되는 경우가 있으며, 이 기포가 빨리 소멸되지 않는 경우가 있다. 소포제는 발생된 기포를 신속히 없애는 작용을 한다. 그러나 과다한 소포제의 사용은 *방기성(air release property)에 영향을 주는 경우가 있으므로 주의가 필요하다. 또한 기포가 발생하는 것은 이물질, 다른 유종들과의 혼합 및 윤활유의 열화에 의한 것이 대부분이다.

5. 윤활관리의 순서

윤활관리를 올바르게 하기 위해서는 다음과 같은 구체적인 순서에 준하여 하는 것이 바람직하다.

- 각 기계의 제원을 기록 작성한다.
- 각 기계의 윤활개소에 적합한 윤활제를 선정한다.
- 선정된 윤활제의 종류를 총괄한 표를 만들고, 그 종류를 최소한도로 줄이는 연구를 한다.
- 윤활적유표와 기계윤활카드를 작성하고, 각 기계의 윤활개소마다 윤활제의 이름, 급유(급지) 방법 및 급유주기 등을 기록한다.
- 윤활개소를 구별해서, 명찰 또는 플레이트를 부착하고, 잘못하여 다른 윤활제를 사용하지 않도록 한다.
- 급유원의 급유경로, 순서 등의 계획을 세운다.
- 윤활제를 급유(급지)방법의 타당성을 검토하고 개량을 필요로 하는 경우는 최적의 방법을 계획·실시한다.
- 윤활작업 실행을 확인하기 위한 기록을 한다.
- 보전비 빛 생산원가의 절감 등, 윤활관리의 평가상 중요한 사항을 기록한다.
- 윤활제의 보관, 취급 및 분배의 방법에 관해서 검토를 해서 능률이 좋은 경제적인 방법을 기획 실시한다.
- 윤활담당자에 대해서 윤활의 기초지식, 윤활용 기구의 사용방법 등에 관한 훈련을 한다. (슬라이드, 영화, 텍스트 등을 활용화는 강습회를 개최)
- 윤활유의 정화방법을 연구하고, 회수유의 용도를 생각한다.

6. 윤활사고의 주요 원인

(1) 유종 선정 불량 : 동력손실, 마찰면 손상, 윤활제의 수명단축, 소음 진동 증대
(2) 유종의 혼용 : 적정 오일이 없을 때, 우선 구하기 쉬운 오일로 일시 급유한 경우
(3) 이물의 혼입 : 유압계통에 물의 혼입, 순환계통에 절삭유의 혼입, 기타
(4) 급유량의 부족 : 오일의 부족은 윤활사고의 가장 많은 원인, 점검이 중요하다.
(5) 누유

사출금형제작 설비관리

② 절삭유

1. 절삭유의 개념

절삭유는 금속가공(metal machining) 과정에서 가공을 돕기 위해 사용되는 유제(油劑)를 말한다. 전통적인 금속가공은 기계요소(machine tool), 절삭요소(cutting tool), 가공금속(workpiece metal)의 세 가지와 여기에 절삭유(machining fluids)가 포함된 네 가지 요소로 이루어지며, 1900년대 초에 처음으로 공구 수명을 연장하기 위해 절삭유가 사용되었다. 초기의 절삭유는 원유 정제물인 기유(base oil)를 주원료로 제조되었다.

(1) 절삭유의 기능

오늘날에는 금속가공의 특성에 따라 많은 종류의 절삭유가 제조되고 있고, 각종 첨가제가 사용되고 있다. 첨가제는 절삭유의 종류와 제품의 특성에 따라 첨가되는 양과 성분이 달라진다. 절삭유의 기능은 절삭공구와 가공금속간의 마찰(friction)을 줄이고, 마멸과 마모(wear and galling)를 줄이고, 가공표면의 특성을 좋게 하며, 표면이 유착되거나 녹아 붙는 것을 줄이고, 발생되는 열을 빼앗아가고(열로 인한 변형(thermal deformation) 방지), 절삭된 토막이나 조각, 미세한 가루, 잔여물 등을 씻어 내는 것이다[NIOSH(draft), 1996]. 이외에 2차적인 기능으로 가공된 표면의 부식을 방지하는 것과 뜨거워진 가공표면을 냉각시켜 취급을 용이하게 하는 것 등이 있다.

(2) 절삭유 종류

   가. 비수용성 절삭유(straight(insoluble) 절삭유)
     물을 포함하지 않으며 윤활작용이 좋으나 냉각 작용은 나쁘다.

   나. 수용성 절삭유(soluble 절삭유)
     석유계 기유(mineral oil)와 물의 에멀젼 형태로 가격이 저렴하다.

   다. 합성유(synthetic 절삭유)
     석유계 기유를 포함하지 않으며 냉각 능력이 좋다.

   라. 준합성유(semisynthetic 절삭유)
     기유와 물의 에멀젼 형태이나 에멀젼 정도가 심한 것으로 때로는 수용성 절삭유에 포함시키기도 한다. 비용과 열전달 능력에 있어서 수용성과 합성유의 중간이다.

(3) 절삭용 윤활유 선정

일반적으로 현장작업자나 관리자는 절삭유에 대한 구분이 취약하고 현재 "충전되어 있는 상태에서 그냥 사용 한다" 라는 생각이 지배적이지만 실제로 절삭유를 만드는 회사의 제품은 재질에 따라 절삭환경에 따라 품질 개발 속도가 매우 빠르고 제조사마다 치열한 경쟁으로 사용처에 따라 세분화되어 자세하게 살펴서 사용하지 않으면 생각지 못한 문제가 발생할 수 도 있다.

단원명 3 설비점검 유지보수하기

 이런 절삭유의 특징을 잘 살펴서 제조사와 제품을 면밀히 살펴 현재 가공 상황에 맞는 최선의 선택을 해야 할 것이다.

③ 장비의 윤활

 사출금형 제작에 사용되는 장비의 윤활에 대해 알아보도록 하겠다. 여기에서 밀링 및 CNC장비는 윤활 공급장치가 설치되어 있기 때문에 윤활계통의 장치만 정기적으로 점검만 이루어진다면, 장비를 운용하는데에는 별 문제가 되지 않는다. 선반 같은 경우에는 작업관리자가 수시로 윤활상태를 체크하여 수동으로 공급하여 주어야 한다. 여기에서는 선반에 대한 윤활방법을 다루도록 한다.

1. 선반

<표3-3-3> 선반 오일 교환

체크리스트	사진 설명
① 주축대의 오일게이지를 확인한다. ② 주축대의 뚜껑을 열고 기계유의 청정도를 확인한다. ③ 주축대 후면의 기름 배출구 볼트를 풀고 주축대에서 기름을 제거한다. ④ 석유 또는 솔벤트 유를 사용하여 주축대 내부를 깨끗이 청소한다. ⑤ 기름 배출구 볼트를 잠근 후 오일게이지를 확인하여 표시된 적정선까지 기름을 충분히 채우고 주축대 뚜껑을 닫는다. ⑥ 주축을 회전시켜 내부에 있는 오일 순환펌프 작동 상태를 확인한다. ⑦ 주축을 5분간 공회전을 시킨 후 기름의 누출 상태와 주축의 온도 상승 정도를 확인한다.	
① 에이프런 내부에 급유하기 전 앞면에 있는 오일게이지를 확인한다. ② 오일 급유기를 열고 오일 게이지의 적색 선까지 급유한다. ③ 주축을 회전시켜 자동 이송축이회전되도록 하여 오일의 상태를 확인한다. ④ 가로 이송대의 접촉면과 이송축 나사에 적당량 급유한다. ⑤ 왕복대의 래크와 피니언 기어에 적당량 급유한다. ⑥ 리드 스크류 및 이송축 회전부의 미끄럼 면을 회전시킨 후 적당량 급유한다	

143

사출금형제작 설비관리

<표3-3-4> 선반의 급유부 및 방법과 시기

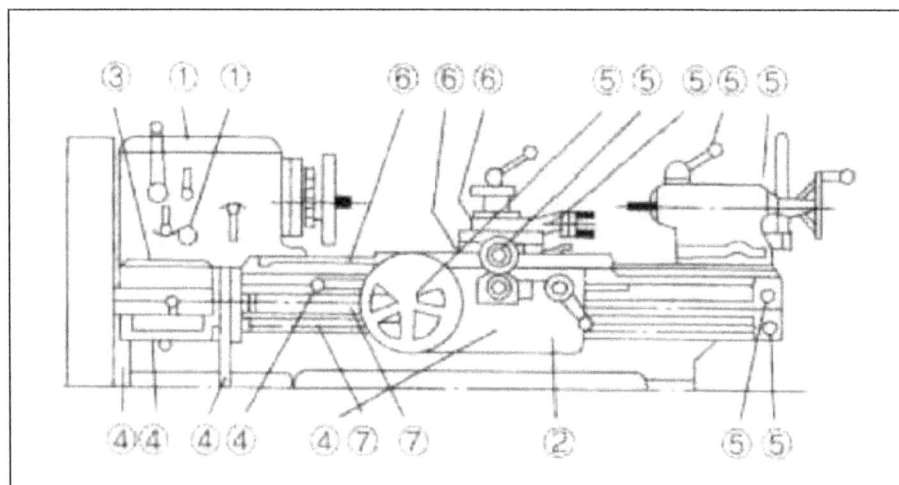

	급유부분	급유방법	급유량	급유시기/Oil
①	주축대	주축대의 커버를 벗기고 급유, 최대량 표시선까지 급유한다.	적당량	약 6개월마다 바꾸고 부족량은 수시로 보충한다. /D.T.E Oil Light/Harmony#44
②	에이프런	몸체의 오일 캡 적색선까지 급유한다.	적당량	약 12개월마다 바꾸고 부족량은 수시로 보충한다.
③	이송장치, 베어링	이송상자 윗부분의 오일 캡을 열고 급유기로 급유한다.	적당량	매일 1회(연속운전일 경우 2시간마다 급유한다) /Vacuolinoil
④	변환기어 이송장치 기어, 에이프런 기어 개방기어	기어, 베어링 부분에 직접 또는 급유기로 급유한다.		
⑤	심압대, 왕복대, 엔드 브래킷	오일 캡에 급유한다.		
⑥	배드, 새들	마찰 부분에 직접 또는 급유기로 급유한다.		
⑦	어미나사, 이송축			
⑧	그 외의 활주면, 회전부분			

144

단원명 3 설비점검 유지보수하기

실기내용

1. 선반의 윤활유량 확인하기

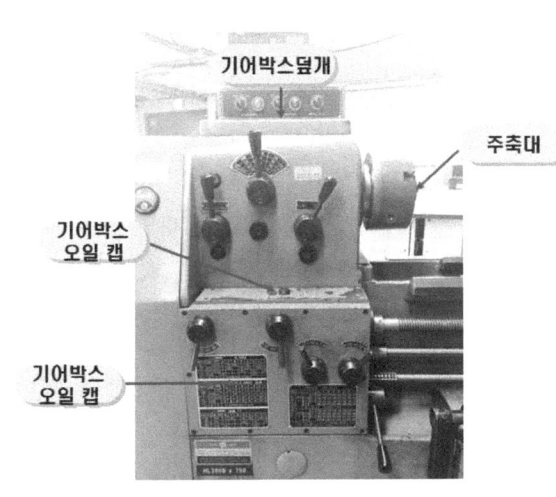

선반의 윤활유량 확인하기 위해서는 기어박스 덮개를 육각 렌치를 이용하여 기어박스 덮개를 열고 확인하여야 한다. 우측의 사진이 덮개를 열었을 때의 사진이다. 윤활량은 기어가 적정수준에 잠겨있으면 된다. 기계의 작동시 기어박스내의 축의 회전에 의해 각 부분으로 공급이 된다. 덮개를 다시 닫을 때에는 오일의 누수가 발생 되지 않도록 주의한다.

안전유의사항

- 장비의 동작시엔 수동으로 윤활공급을 하지 않는다.

관련 자료

- 매뉴얼(각 설비 제조사별 기계사용 설명서, 유공압 회로, 전기회로도, 유지보수 설명서 포함)
- 설비 점검 매뉴얼(책자, 파일, CD)
- 설비 일일, 정기점검 LIST
- 설비 정밀도 점검 LIST(공인 인증 업체)
- 측정기 사용 매뉴얼
- 설비 서비스 연락처
- KS 및 ISO 규격집

사출금형제작 설비관리

단원명 3 | 교수방법 및 학습활동

교수 방법

- 설비점검을 위한 매뉴얼을 토대로 점검 시기를 설명할 수 있다.
- 설비유지를 위한 최적조건과 이상 발생시 조치를 취하는 방법을 설명한다.
- 장비에 투입되는 윤활유의 기능과 절삭유 및 냉각수도 설명한다.

학습 활동

- 설비점검에 필요한 매뉴얼을 습득하고 이에 따라 장비의 점검 시기를 설명할 수 있어야 한다.
- 가공 중 발생될 수 있는 문제점들을 조별로 토의를 하고 이에 대한 대처방안에 대한 발표를 할 수 있다.
- 윤활유와 절삭유의 기능을 설명할 수 있다.

단원명 3 설비점검 유지보수하기

단원명 3 | 평가

평가 시점

- 기계의 윤활은 중간고사 때 지필평가를 하고 설비점검 및 유지보수에 대한 평가는 학기중 체크리스트를 작성하고 수업 종료시 평가를 한다.

평가 준거

- 평가자는 피평가자가 수행 준거 및 평가 내용에 제시되어 있는 내용을 성공적으로 수행할 수 있는지를 평가해야 한다. 평가자는 다음 사항을 평가해야 한다.

평가영역	평가항목	성취수준		
		우수하다	보통이다	미흡하다
1. 설비 점검	설비점검 매뉴얼에 대한 지식			
	일상점검, 정기점검 항목에 대한 지식			
2. 설비 유지보수	설비유지 최적조건 기술			
	설비의 이상시 조치에 관한 기술			
3. 기계의 윤활	윤활유, 절삭유, 냉각수에 대한 지식			
	윤활유, 절삭유, 냉각수 적용기술			

147

사출금형제작 설비관리

평가 방법

평가영역	평가항목	평가방법
1. 설비 점검	장비별 점검 항목에 대한 이상유무 확인하기	문제해결 시나리오
	고장 발생 요인에 대하여 장비별로 분석하기	
2. 설비 유지보수	설비유지를 유지하기 위한 방법에 대하여 알아보기	구두발표
	설비의 이상이 발생 되었을 때의 대처법 알아보기	
3. 기계의 윤활	윤활유, 절삭유, 냉각수의 기능에 대하여 알아보기	작업장평가
	기계의 윤활방법에 대하여 알아보기	

피드백

1. 문제해결 시나리오
- 문제 해결 진행 과정중 필요시마다 피드백을 제공하여 문제 해결을 용이하게 한다.
2. 사례연구
- 사례연구 결과를 모든 학습자들끼리 공유하여 확인 학습할 수 있도록 데이터화여 제시
- 제출한 내용 평가한 후에 수정 사항과 주요 사항을 표시하여 다음 수업 시작 시간에 확인 설명
3. 구두발표
- 발표 과정마다 오류 사항과 주요 사항을 점검, 조정

평가

1. 기계가공시 발생되는 절삭열을 냉각시키기 위하여 사용되는 절삭유와 고온에서 성능유지를 할 수 있는 절삭공구와의 관계를 설명해보아라.

2. 설비관리의 흐름 3단계를 설명하라.

3. 3대 점검 활동을 설명하라.

4. 와이어 방전가공에서 와이어의 장력과 가공품질과의 관계를 설명하라.

5. 연삭기의 일일점검 사항중에서 소재의 표면에 직접적인 영향을 미치는 항목에 대하여 설명하라.

6. 아래 그림은 선반 척 유지보수 사진이다. 각 번호별 작업을 설명하라.

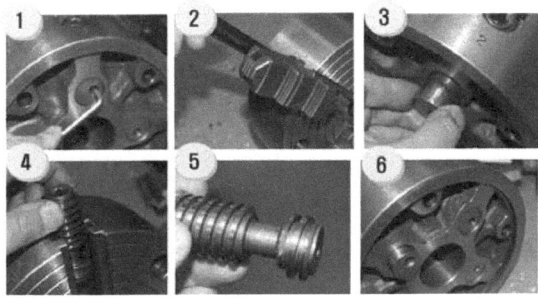

7. 백레시 보정 방법에 대하여 설명하라

8. 선반의 테이퍼 플레이트 조정을 하는 모습이다. 만약에 점검의 미실시로 발생되는 문제점은 무엇일지 설명하라.

9. 와이어 방전가공기 주축 요동 현상 확인 법을 설명하라.

10. 세혈방전가공기 증상 중 전차적의 스위치는 작동되나, 자석이 안 될 때 원인은 무엇인가?

11. 윤활의 기유 중 광유(鑛油) 분류기준은 무엇인가?

12. 합성유(合成油)의 명칭별 적용범위를 설명하라
 - 실리콘 오일(silicone oil)

- 디 에스테르 오일(di-ester oil)
- 인산 에스테르 (phosphate ester)

13. 동력손실, 마찰면 손상, 윤활제의 수명단축, 소음 진동 증대은 어떠한 원인으로 발생하는가?

14. 절삭유의 기능을 설명하라.

15. 절삭유 종류 중 수용성 절삭유(soluble 절삭유)와 합성유(synthetic 절삭유)를 설명하라.

단원명 4 설비 소모품 관리하기

단원명 4 　 설비 소모품 관리하기(15230201-14v2.4)

4-1 　 설비 소모품 교체

| 교육훈련 목표 | • 설비 소모품의 일상, 정기적 교체 시기를 파악하여 관리할 수 있다.
• 소모품 마다 사용시기와 사용량을 파악하고 예비품을 사전에 준비할 수 있다. |

필요 지식

1 부품교체 주기 결정

1. 부품의 교체

(1) 부품교체 주기결정

수명주기 부품에 대해서는 설비의 중요성으로 인해 고장이 발생하고 나서 원인 부품을 교체하는 것이 아니라 부품이 경년열화(수명고장) 전에 정기교환을 실시하는 예방보전의 개념이 필요하다. 각 부품의 교환주기는 사용하고 있는 부품의 사양, 설계조건, 주위환경에 따라 서로 다르기 때문에 각 제조사에서 부품교환 기준주기표를 작성하여 이에 기초하여 정기교환을 실시하고 있다. 그러므로 주위환경에 따라서는 이 교환주기보다 짧은 교체주기로 교체가 필요한 경우도 나올 수 있으므로 설비관리자는 철저한 관리와 주의가 필요하다.

(2) 고장분포와 수명 분포

단일 부품이 많으면 그 수명분포를 정규분포로 보아도 되지만 그것들을 조합시킨 시스템의 고장은 지수분포하게 된다. 그 이유는 한 개의 부품의 고장률은 비교적 적지만 시스템은 많은 부품이 결합되었기 때문에 고장이 많고 발생할 비율을 평균하기 때문이다.

욕조 곡선이란 신뢰도에서 고장율의 곡선이 처음에는 줄어들고 다음은 상수형태이고 마지막에는 늘어나는 식으로 욕조와 같은 모양을 나타내는 것을 말한다. 그래프를 그려보면 아래 그림과 같다.

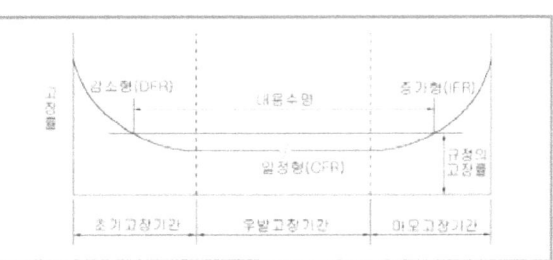

[그림] 고장율 욕조곡선

욕조곡선에서 곡선의 좌측은 고장률이 높은 부분으로 초기고장(initial failure)기간 또는 디버깅(debugging)기간이라고 한다. 이것은 부품의 고르지 못하고 수명이 짧은 것이 혼합되어 있기 때문이다. 이 기간에는 주의 깊게 운전하는 것이 좋다. 그 후는 정상적인 운전 상태를 유지한다. 이 기간을 우발고장(random failure)기간이라 하며, 고장률 λ가 거의 일정하기 때문에 일정고장기간이라고도 부른다. 곡선의 우측은 마모고장(degradation failure or wear - out period)이라고 부른다. 부품이 마모되어 고장이 다시 증가되는 기간이다. 이와 같이 복잡한 장치에서는 제조상 결함 등 사용 초기에 고장을 제거하여 동작이 안정되면 제2기의 우발고장기간에 들어간다. 고장은 예기치 않은 원인에 의하여 발생기 때문에 예측이 불가능하다. 이 때 고장률 λ는 시간적으로 일정하나 그 값은 가장 작다. 아래 식의 신뢰도 함수는 λ(t)가 시간적으로 일정할 때 지수분포하며 신뢰도 R(t)는 다음과 같다.

$$R(t) = e^{-\lambda t}$$

여기서 λ를 역수로 취하면 장치의 동작시간의 평균치를 나타내기 때문에 이것을 평균고장간격 또는 MTBF (mean time between failure)라고 한다. 수리할 수 없는 장치에 대하여는 고장에 이르기까지 평균시간으로 나타낸다. 이를 MTTF (mean time to failure)라고 부른다. 어느 것이나 평균수명을 나타내는 척도이다. $E = 1/\lambda$은 평균수명을 나타내기 때문에 그 때의 신뢰도는 다음과 같다.

(3) 수명 또는 고장율 척도

아래 그림은 설비의 신뢰성과 고장률 함수와의 관계를 보여주고 있다. 정비성은 설비의 점검과 정비시간 분포도에 따라 고장 주기를 결정할 수 있으며 MTTR 의 분석을 통하여 가용성과 안전성을 향상시킨다.

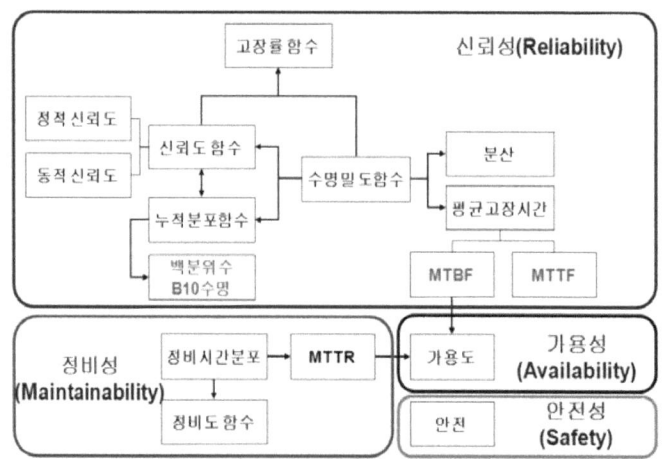

[그림] 고장율 척도

단원명 4 설비 소모품 관리하기

(4) 부품교체 주기 확인

부품교체주기는 설비가동 일지와 설비이력관리대장을 분석하여 MTTF에 의하여 평균고장 시간을 산출하여 부품이 교체 주기를 작업환경에 따라 결정한다.

[표] 부품교환주기표 예

NO	부품명	표준교체주기	교체방법
1	냉각팬	2-3년	신규 부품구입하여 교체
2	유압실린더	3-4영	수리 또는 신규 제작교체
3	모터	2-3년	신규 구입 교체
4			
5			
6			
7			

2 장비별 소모품 목록

1. 드릴머신

드릴머신은 구멍작업을 하는 전용기계로서 소모품은 크게 구동축에 들어가는 벨트, 스핀들에 부착하는 드릴척, 가공물을 고정시켜주는 바이스가 있다. 이들 부품들의 교체 기간은 정해져 있지는 않고, 다만 작업 중에 이상유무를 확인하여 작업상의 문제가 발생되면 교체를 한다.

품명	이미지	교체시기
밸트		
드릴척		
드릴척핸들		기능 및 정밀도 저하가 원인이 발생시 교체를 함.
전구		
이동식바이스		

153

사출금형제작 설비관리

2. 원통가공

품명	이미지	교체시기
V-벨트		기능 및 정밀도 저하가 원인이 발생시 교체를 함.
회전센터		
드릴척		
극한스위치 (리미트스위치)		
퓨즈		
척핸들		
척핸들 공구대핸들		

3. 평면가공

품명	이미지	교체시기
V-벨트		기능 및 정밀도 저하가 원인이 발생시 교체 및 재수리를 함.
바이스		
어댑터		
클램프		
밀링척		
콜렛척		

단원명 4 설비 소모품 관리하기

4. 방전가공

품명	이미지	교체시기
이온수지		■ 이온교환수지의 충전 비용, 재생제 사용량, 채수량 등 경제성을 고려하여 이온교환수지의 교체량 및 교체시기 결정함. ■ 사용빈도가 많을 때에는 한달에 한번 정도는 교체를 하는 것이 바람직하다.
이온수지필터		■ 이온수지 교환시 같이 교체함
필터		■ 가공시 잦은 방전가공 에러가 날 경우엔 필터 교체 시기 앞당겨야 함 ■ 가공액 탱크의 오염도를 보고 교체시기 결정함

5. 연삭가공

품명	이미지	교체시기
마그네틱 척		■ 기능 및 정밀도 저하가 원인이 발생시 재 연마를 함.
드레서		

6. 공용 소모품

품명	이미지	기능
렌치셋트		■ 기능적으로 사용이 불가할 때 교체함
스패너		

사출금형제작 설비관리

관련 자료

- 매뉴얼(각 설비 제조사별 기계사용 설명서, 유공압 회로, 전기회로도, 유지보수 설명서 포함)
- 설비 점검 매뉴얼(책자, 파일, CD)
- 설비 일일, 정기점검 LIST
- 설비 정밀도 점검 LIST(공인 인증 업체)
- 설비 소모품 매뉴얼
- 설비 서비스 연락처
- KS 및 ISO 규격집

단원명 4 설비 소모품 관리하기

4-2 설비 소모품 관리

| 교육훈련 목 표 | • 설비관리 담당자는 예비품 목록을 작성하고 사용량을 관리할 수 있다. |

필요 지식   ○ 설비 부품의 기능에 대한 지식   ○ 설비부품 성능에 대한 평가기술

1 설비 부품의 기능

1. 설비 부품

(1) 예비품 문서화

문서는 예비부품 관리의 핵심적인 부분이다. 문서관리는 서류들(도안, 사진, 컴퓨터에 저장된 수식과 도표 혹은 일반 도표)과 다음과 같은 문건들을 포함한다.

- 재료 부품을 확인하여 찾기
- 재료 이외의 관점에서 본 부품 확인하기
- 어떤 재료들이 확인되는 부품으로 분류되는지 알기
- 부품 확인으로 재료부품에 대해 이해하기(위치 기능 설계지형 측량과 기능성의 연결 : 예를 들어 각각 다른 곳에 위치한 설비와 다른 기능을 하는 장비를 여러 곳에 설치 운영하는 것을 뜻한다.와 정확한 분석)

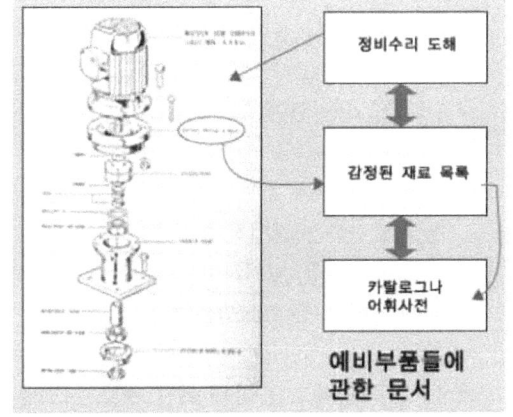

[그림] 장비의 구성도해표

- 재료에 대한 부품의 실수량 알기
- 하나의 부품이 재료로 사용되는 수량을 알기
- 완전히 동일한 부품, 상호교환가능 하거나 적용이 가능한 정도의 부품(압박과 사용제한) 들을 알기
- 부품들이 속해있는 상위의 조립품을 결정하기
- 경우에 따른 부품의 기능성, 경제적, 기술적 규모 - 플랜을 포함한 - 특히 사용자가 직접 조작한 장비에 대한 특수 부품들의 경우
- 물류계산적 속성(수리가능한지 아닌지 판단, 정비의 정도정비가 결정된 하자부분의 수리를 효과적으로 하기 위한 운영 단계로 하자의 난이도 비교, 제품과 필요한 정비 도구

사출금형제작 설비관리

들 및 경제적 상태와 기준에 따라 부여되는 실행 영역, 위탁의 범위, 설치하기, 수리 테스트, 매입 조건, 유효기간),
- 부품의 공급업자 확인하기, 그들의 상품목록 입수하기

가장 많이 사용되고 있는 방법중의 하나가 위의 그림에서처럼 하나의 재료에 대한 정확한 분석의 관점이다. 이를 "구성도해표"라고도 한다. 번호는 도표의 선에 가장 빈번하게 보내지는 정확한 분석의 관점에 대해 표시하고 있고, 문서작성을 구성하고 각 부품을 확인하는 번호이기도 하다. 컴퓨터상에 수록된 상품목록이나 일반 상품목록에도 삽입할 수 있다.

2 예비 부품 관리

1. 다양한 예비 부품의 관리

(1) 산업설비 정비
한 공장내의 산업 설비 예비 부품 관리 조직은 다음과 같이 행해진다.
- 중앙 물류 창고가 없는 작업장 형태의 창고
- 단일 창고만 있는 업체는 경우에 따라 사용이 자유로운 부품들이나 작업장에 있는 특수한 기계 부품들
- 공장 창고 내에 보관된 부품들, 특히 신제품으로 확인되는 공급업체의 자산형태로 부품들을 보관하는 작업장
- 공장의 상황을 고려하여 공급업체가 보관하고 있는 부품들은 예약된 부품으로써 배송 보증 유예의 상태로 있는 부품

예비부품들의 재고 관리를 위한 정보 시스템은 작업장이나 정비용 차량에 보관된 부품들을 관리하는데 중요한 역할을 하며, 하나의 부품 사용을 등록한 이후에, 자동적으로 재설정되는 물량(점차적으로 새롭게 바뀌는 소모성 부품들을 제외하고)을 관리하기도 한다.

(2) 예비 부품의 유형
가. 예비 부품의 정의
하나의 장비나 설비를 정비 보수하는 데에는 여러 다양한 부속품들이 필요하다.
- 실험 장비, 도구 등.
- 재료와 각종 부속품들 : 닦는 헝겊, 각종 윤활제, 그리스, 나사, 볼트, 전기 퓨즈, 벨트, 각종 베어링, 규격화된 수도가 가스 꼭지 등.
- 예비 부품.

다양한 부속품들에 대한 관리는 별도의 규정이 되어 있지 않으며 일반적으로 재고 관리에서 관할한다. 그러나 이와는 반대로, 예비 부품들은 매우 특별하게 다뤄진다.

단원명 4 설비 소모품 관리하기

그럼에도 장비 하나의 어떤 부분을 해체할 수 없는 것은 기술적인 불가능성 문제일 수도 있지만 경제적, 조직적인 상황에서의 선택의 결과이기도 하다. 위의 예를 보면 알 수 있듯이, 여러 단계의 부품들이 있으며 "a" 라는 요소를 호환시킬 수 있는지 혹은 "AA1" 이라는 장치를 설치할 수 있는지 그리고 일반적으로 검증된 예비 부품을 설치하지 않고 더 질이 높은 단계의 구성부품을 "A" 라는 조립품으로 대체해야 할지를 주지해야만 한다.

나. 안전부품

안전품의 기준은 하나의 부품을 보관해야 할 때 감수해야 하는 비용의 위험성 정도에 대한 평가이다. 또한 만일 우리가 소모적인 부품의 소모 정도에 따라 적절한 부품이 어떤 잘못된 유예나 지체로 인해 수리를 할 수 없는 경우, 이에 대한 비용 부담을 고려해서 결정되는 것이다. 따라서 이 부분은 게임과도 같으며 적합한 균형을 통해 적절히 이득을 볼 수도 있고, 또한 적절한 소모의 가능성을 통해 경제적인 결과를 고려한 소모를 예측한다.

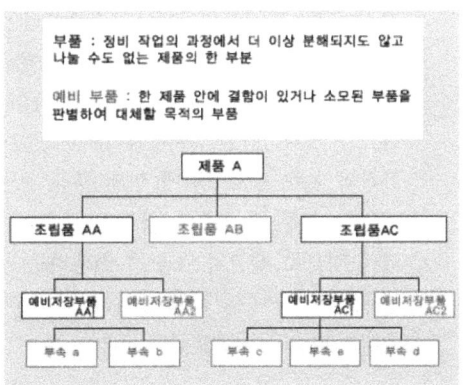

[그림4-2-1] 부품과 예비부품의 구성도

이는 소모 가능성이 있는 경우이며 반대로 소모는 기계가 작동되지 않는 위험이 발생하며 오랜 기간 동안 공장 가동을 중지하게도 한다. 이 경우는 공급하는데 많은 시간이 소요되어, 부품의 생산가격이 매우 비싸다. 예를 들면, 목판 틀, 특별 제작 전자카드, 특수 소품 톱니바퀴 등이 있다.

고장으로 인하여 큰 손실 유발이 예상되는 부품들에 대해 그에 상응하는 위험을 감안해 볼 수 있다. 이러한 위험은 하나의 AMDECAMDEC -소모 방식 분석, 효과 분석 및 판별 기준 분석(FMECA - Failure Mode Effects Criticality Analysis) : ALS에 속한 방법으로 산업분야에서 일반적으로 사용되고 있는 방식. 에서부터 세트까지의 통합 개념으로 다시 분석해 본다면, 제거될 수 있는 고장 소모 율이 매우 높다. 평균 손실율이 매우 높거나 혹은 낮을 경우 일반 예비부품 관리 정책의 대상인 것이다. 손실의 확률이 낮았는데 그 빈도가 잦은 즉, 높은 손실의 확률이 도출되는 경우가 집중적으로 관리해야 할 대상이다.

안전부품전략적인 부품으로 불리는 이 부품은 장비의 사용 기간동안 손상될 위험을 가진 기능성 부품으로, 만일 손상이 발생하게 되면 비용과 처리의 부분에서 대체 할 수 없는 부품으로 반드시 보관되어야 하는 부품 남아있는지에 대한 부분은 어떤 하나의 평가로 존재해야 한다. 한번 매입되어 저장된 부품들은 일반적으로 사용되지 않아서, "제로 재고" 라는 이름으로 재고를 없애려고 시도할 수 있지만 치명적인 오류를 범할 수도 있다.

사출금형제작 설비관리

어려움은 통계적으로 정의되어지지 않은 부품의 고장 확률 값을 평가하는 것이며, 또한 소모의 경제적인 결과 즉 결과적으로 경제성이 있었는지를 평가하는 것이다. 따라서 우리는 수학적 평균의 기준을 만들 수 있으나 그것을 계산하기 위해 필요한 통계 가능한 부품들은 흔치 않다.

다. 기능적 분류
- 구조부품 - 정상적인 사용의 조건 하에서 파손이 거의 불가능한 부품으로 보통 훼손되지 않으며, 이것들의 경우 안전부품들을 제외하고 보관하지 않는 것이 보통이다.
- 소모마멸부품 - 계속 사용되는 부품들을 말하는데 시간이 흐를수록 교체되는 것들이다 (부식, 시간이 흐름에 따라 구성부품의 훼손 등). 소모품이 낡아지는 과정을 알아야 할 필요가 있다. 만일 보수 관리로 수명기간을 알게 되거나 관리 되었을 때, 우리는 예방차원의 보수 프로그램에 의해 부품 보급을 "적정한 시기"에 대처 할 수 있다.
- 기능성 부품 - 제품의 정상적인 수명기간 동안 하나 혹은 몇 개의 부품을 교환할 수 있을 정도로 필요한 소모가 발생하는 부품으로 결과 예측이 불확실한 부품들이다. 기능성 부품들은 예를 들어 전자카드의 고장은 불규칙적으로 발생하며 이를 통계적으로 예측하려고 하는 것이다.

라. 조립 부품 키트
키트들은 특수 부품이나 혹은 일반 부품들을 포함하여 예비부품의 완전한 구성 조립부품이다. 이들 키트는 예방정비나 수리를 위해 프로그램화된 수리를 시행할 때 필요한 것이다.
이 완전한 구성 조립부품들은 키트의 형태로 구성되어 있는데, 모든 부품들이 일반적으로 열기관 모터에 대한 조작을 위해 칸막이 주머니(관절형 자켓) 형태로 일회마다의 조작에 대해 사용되어야 한다. 각각의 키트는 여러 부분에서 다양한 재고로 관리되는 특별한 물품으로 구성된다.

- 정확한 규율
- 수리할 때 정확한 측정을 통해 여러 형태의 가능한 작업 상황에 대한 정확한 분석
- 먼저 잠정적으로 부품들을 충당하기 위해 적용할 것, 재고에 그것을 다시 산정하거나 조작이나 설비에 투입하는 것을 정보시스템에 적용

2. 예비부품 관리 엔지니어링

(1) 부품수리및 교체 수준 결정
가. 부품의 수리 계획
- 부속품의 수리 가능 여부
- 부속품의 분해 가능 여부

단원명 4 설비 소모품 관리하기

　　　○ 현장에서의 수리 가능 여부 (제조사에 의뢰)

　나. 가장 경제적인 해결책 결정
　　○ 새 것으로 교체하고 이전 것은 버린다.
　　○ 현장에서 직접 수리 (1차 수리 수준).
　　○ 사내에서 수리
　　○ 전문업체 의뢰 수리

　다. 부품의 모니터링
　　○ 부속품의 특징 : 사용기간, MTBFMTBF - 평균 순기능 시간/고장 시간 간격 (MTBF - Mean Time Between Failure) : 2회의 소모나 고장의 발생 간격의 평균. (시간당 MTBF = 전체 순 기능 시간/고장 횟수) 를 주기적으로 관찰
　　○ 수리작업 조직의 특징 : 수리해야 할 시스템과 수리 장소 사이의 거리 등
　　○ 행정비, 신부품이 출시됨에 따라 생기는 관련 부품의 노쇠화, 운송비와 보관비를 포함한 장비 관리 비용
　　○ 부속품 분해와 수리에 드는 특수 비용
　　○ 인건비
　　○ 인력 교육과 문서화 비용

(2) 예방 정비에 필요한 부품
　가. 숙지 사항
　　• 체계적이고 조건에 맞는 예방 정비 프로그램
　　• 과거에 이미 가졌던 정비 조작 기록
　　• 제품 단위별로 미리 예방하기 위해 작동 시간, 생산 시간, 기록 등의 주기적인 관리

　나. 예방 정비 계획의 숙지
　　• 필요한 예비부품
　　• 재고 수량

3. 예비부품의 정보 관리

(1) 예비 부품의 확인절차
　수많은 제품과 부품들을 관리하기 위해서는 납품받는 부품들에 대한 업체들의 코드를 일원화 시켜야 한다.

　가. 부품별 코드 설정
　　업체 내에서 예비 부품에 관해 단일화된 목록 집을 구성하는데, 이 목록 집은 예비 부품

사출금형제작 설비관리

의 성질에 따른 기능적인 수형도에 따라 시작하는 것이 유효할 수 도 있고, 그렇지 않을 수 도 있다(기술적인 제작, 부품의 원래 상태, 세부적인 속성 등). 예비 부품의 각각의 모델을 찾기 편하게 하기 위한 코드를 부여되지 않아 시스템의 체계화가 이루어지지 않았으면 쓸모가 없다.

나. 장비의 공급업체를 통해 공급되는 확인 절차를 이용
- 부품의 실제 생산자 목록을 이용
- 각기 다른 공급업체가 각각의 목록 번호를 등록한 공급업자 파일 제공
- 예비 부품 유형들의 구체적인 기능적 체계 분류화
- 부품이 장착되어 있는 각 기계의 설치를 위한 기능적 코드
- 상호 호환성 부품들과 적용 가능한 부품들간의 연관 관계

(2) 예비 부품의 개별적 흐름

부품 목록을 보거나 조립부품 목록을 물품 번호("시리얼 넘버") 물품 번호 (Serial number) : 부품에 개별적으로 일관되게 부여한 번호, 혹은 부품에 새겨지거나 등록된 번호에 따라 개별적으로 보는 것이 유용한 경우가 종종 있는데, 기업체에서 이 부품의 위치와 상태(재고인지, 기계에 설치되어 있는지 등등)을 보는 것은 중요하다. 이 부품들 각각이 비행시간이나 이륙의 "잠재성"에 영향을 미칠 수 있는 항공 설비("회전가능성"이라고 불리는 장비들)에서는 각각 잘 배치되어 있는지 테스트가 완료 되어 있는지 등을 살피는 것은 필수 불가결한 부분이기도 하다.

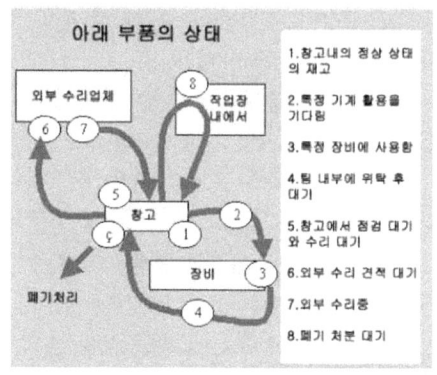

[그림4-2-2] 부품의 상태도

- 어떤 것이 부품들인지 혹은 한 기계에 설치될 조립부품들인지를 알 수 있으며, 언제부터 (날짜, 소모 시간 등) 적합한 예방 정비를 할 것인지를 프로그램화 할 수 있다.
- 수리를 위한 부품 발송과 접수, 재 발송 등의 과정
- 공장 현장에서 특정 모델의 모든 부품들을 찾기
- 면세통과가 되지 않은 부품들 피하기 (수입 장비 및 부품의 경우)
- 부품들의 이력사항 알기와 계속적인 소모가 일어나는 부품들을 검출해내기
- 신뢰있는 통계 구축과 거의 신뢰가 일어나지 않는 부품들의 유형 검출해내기

기계의 가동 시간, 이동 경로 추적, 소모의 상태, 원인 등)를 가진 컴퓨터로 모든 위치 이동과 재고 매입 상황을 체계적으로 등록할 것을 요구한다.

(3) 적용 가능성

모든 기계 설비들의 구체적인 부품을 알 수 있게 해 주는 적용가능성은 경우에 따라서 이 기계들에 관한 모델을 참고로 하여 예방정비나 교정정비의 실행을 위해 그 값을 사용할 수 있는 여지가 있다. 기계 부품이 있는 장소와 그 수량에 대해 기능도를 참고 해서 그 적용 확률 값을 올릴 수 있다.

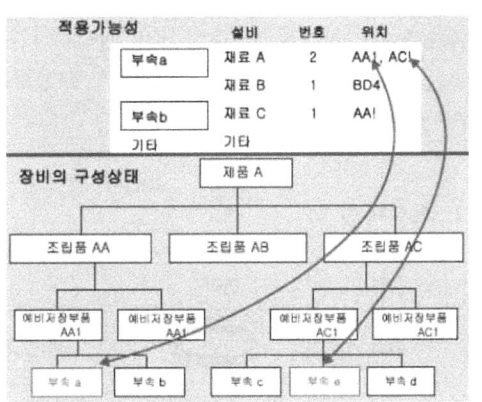

[그림4-2-3] 부품의 적용가능성

제 1단계나 제 2단계 등 기초 예비 부품에 이르기까지의 모든 조립 부품들에서 각 설비의 설치가능성을 분석할 수 있게 해 준다. 여기서 설치 가능성이 있는 단계인지 정비가 불가능한 단계인지의 판단이 필요하다. 재고중의 어떤 부품들이 아직 사용되고 있는 기계에 더 이상 적합하지 않은지를 결정하고 각 부품을 사용하는 모든 기계들을 고려해서 예비부품의 재고를 줄일 수 있게 해준다. 경우에 따라서는 한 기계가 매우 급박하게 부품을 필요로 하는 경우에 사용하지 않는 기계의 부품을 떼내어 활용하는 폐품을 이용한 수리폐품을 이용한 수리 : 고장난 기계에서 다른 기계에 동일한 소모 부품을 교체하여 수리하는 행위를 할 수도 있다.

(4) 상호 호환성

동등 교환 부품들은 커다란 관점에서 보면 호환 가능성을 내포하고 있는데, 기존의 재고 부품이 없을 경우 장비의 조작을 용이하게 하기 위해 다음 사항을 참고한다.

- 재고에서 동일한 부품을 취급하거나 혹은 당장 사용하지 않는 다른 기계에서 "폐품활용"을 할 수 있다.
- 외형적으로 그리고 기능적으로 성질이 유사한 동등 부품을 재고에서 취급할 수 있으며 혹은 폐품활용을 하기가 가능하다.

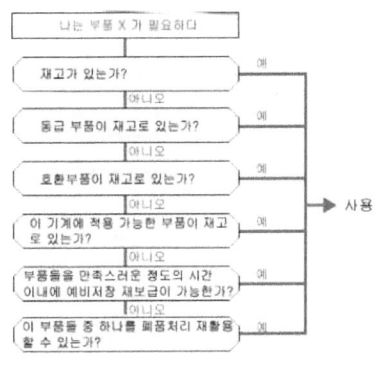

[그림4-2-4] 부품의 상호 호환성

- 기능은 동일하지만 순정품이 아닌 부품으로 호환 가능한 부품 : 이것은 다른 치수를 지닐 수 있으나 변형 없이 설치가 가능하다.
- 마지막으로 유사하거나 동일한 기능의 적용가능 부품은 설치를 위해서 적용을 필요하게 된다. 예를 들자면 시스템을 고정시키기 위해 변형이 필요할 수 있다.

사출금형제작 설비관리

③ 장비별 주요 소모품

소모품이란 장비를 운용하는데에 있어서 마모나 파손으로 성능을 발휘 할 수 없을 때에 교체가 가능한 부품등을 말한다. 장비를 구성하는 자체 부품과 운용 하는데에 필요한 부품으로 구분된다.

1. 드릴머신

품명	이미지	기능
벨트		모터 회전 동력원을 풀리를 통하여 스핀들을 회전시킴
드릴척		스핀들 축에 꺼서 드릴공구를 고정하여 가공사용
드릴척핸들		드릴척에 드릴같은 공구를 고정 사용
전구		작업 등
이동식바이스		가공할 제품 고정사용

2. 원통가공

품명	이미지	기능
V-벨트		모터의 동력원을 주축에 전달할 때 사용되는 벨트
회전센터		심압대에 설치하여 직경에 비해 길이가 긴 가공물을 잡아주는 보조공구
드릴척		드릴을 이용하여 내경 가공시 드릴 고정에 사용됨
척핸들		드릴척에 드릴같은 공구를 고정하는데에 사용됨
척핸들 공구대핸들		척핸들 - 공작물 고정할 때 사용되는 고정구 공구대핸들 - 절삭공구(바이트)를 설치할 때 사용되는 고정구

3. 평면가공

품명	이미지	기능
V-벨트		모터의 동력원을 스핀들 축에 전달할 때 사용되는 벨트
바이스		가공물을 고정하는데 사용되는 고정구
어댑터		회전하는 스핀들축에 절삭공구를 체결에 필요한 부속장치
클램프		테이블에 설치되어 있는 바이스에 가공물을 고정하기 곤란할 경우에 주로 사용되는 부속 장치
밀링척		페이스밀링커터나 엔드밀 가공을 하기 위해서 콜렛척을 고정 시켜줄때 사용하며 드릴척도 고정시켜 가공할 때 사용
콜렛척		홈 및 측면 가공을 할 때 엔드밀을 체결하여 밀링척에 고정

4. 방전가공

품명	이미지	기능
이온수지		- 불순물의 제거 　· 폐수의 정화 · 음용수화 - 고부가 물질의 회수 - 탈염: 담수화 - 기타 화학분야: 촉매, 효소 생성
		와이어 방전가공 및 기타 원인으로 금속성 부품에 발생된 녹을 제거 강한 제청력 인체에 무해독성/가스니 악취가 발생하지 않음 불연성제조방식작업의 안정성 친환경제청효과(1-10분) 물에희석하여사용가능(약2-10배)
제청제		분사식 물세척이 필요없는 제청액 강한제청력 독성가스발생하지않음 무자극성 (도포후, 마른천으로 깨끗이 닦아내면 표면이 세척)

사출금형제작 설비관리

품 명	이 미 지	기 능
방청용 가공액		극소량을사용하여 효과적인 방청 비이온화 및 비인화성 정밀도 향상 인체무해 사용법:물가공용 물탱크에 W-91 0.3-0.5%를 용해시켜 사용 (200L의 물에 0.6-1L의 W-91첨가)
필터		방전가공에서 사용된 수용액의 정화에 사용

5. 연삭가공

품명	이미지	기능
마그네틱 척		연삭하고자 하는 부품을 자력을 이용하여 고정하고자 할 때 사용되는 척
드레서		숫돌의 상태를 작업하기에 적합한 모양으로 성형할 때에 사용

6. 공용 소모품

품명	이미지	기능
렌치셋트		기계 점검 및 부품의 수리, 교체시 사용되는 공구
스패너		체결된 부품을 분해 조립할 때 사용되는 공구

관련 자료

- 매뉴얼(각 설비 제조사별 기계사용 설명서, 유공압 회로, 전기회로도, 유지보수 설명서 포함)
- 설비 점검 매뉴얼(책자, 파일, CD)
- 설비 소모품 매뉴얼
- 설비 서비스 연락처
- KS 및 ISO 규격집

단원명 4 설비 소모품 관리하기

단원명 4 | 교수방법 및 학습활동

교수 방법

- 각 기계를 구성하는 소모품의 기능을 설명한다.
- 소모품의 교체시기를 암시하는 증상들에 대하여 설명하고 이를 간과하여 발생하는 문제점들을 설명하고 이에 대한 교체의 필요성을 이야기한다.
- 소모품의 교체방법을 설명한다.

학습 활동

- 장비별 소모품 리스트를 작성하고 그의 기능을 알아보고 발표할 수 있다.
- 소모품의 교체의 필요성을 조별로 토론하고 그 결과를 발표 할 수 있다.
- 소모품의 교체방법을 조별로 실습한다.

단원명 4 | 평가

평가 시점

- 장비별 소모품의 기능은 중간고사 시 지필 평가를 수행하고, 소모품의 교체방법에 대한 평가는 학기중 체크리스트를 작성하고 수업 종료시 평가를 한다.

평가 준거

- 평가자는 피평가자가 수행 준거 및 평가 내용에 제시되어 있는 내용을 성공적으로 수행할 수 있는지를 평가해야 한다. 평가자는 다음 사항을 평가해야 한다.

사출금형제작 설비관리

평가영역	평가항목	성취수준		
		우수하다	보통이다	미흡하다
설비 소모품 교체	설비 소모품 교체주기에 대한 지식			
	설비의 부품의 수명에 대한 기술			
설비 소모품 관리	설비 부품 기능에 대한 지식			
	소모품 발주주기 결정			

평가 방법

평가영역	평가항목	평가방법
설비 소모품 교체	설비 소모품 교체방법 실습	작업장 평가
설비 소모품 관리	설비 소모품 리스트 작성하기	서술형
	설비 부품 기능에 대한 평가	

피드백

1. 문제해결 시나리오
· 문제 해결 진행 과정중 필요시마다 피드백을 제공하여 문제 해결을 용이하게 한다.

단원명 4 설비 소모품 관리하기

2. 사례연구
- 사례연구 결과를 모든 학습자들끼리 공유하여 확인 학습할 수 있도록 데이터화여 제시
- 제출한 내용을 평가한 후에 수정 사항과 주요 사항을 표시하여 다음 수업 시작 시간에 확인 설명
3. 구두발표
- 발표 과정마다 오류 사항과 주요 사항을 점검, 조정

평 가

1. 설비소모품을 기능적으로 분류하고 설명하라.

2. 선반에서 동력을 전달하는 벨트의 교체시기에 대하여 설명하라.

3. 욕조곡선에서 곡선에서 초기고장(initial failure)기간 또는 디버깅(debugging)기간이라고 한다. 이때 고장율이 가장 높은 이유를 설명하라.

4. 부품교체주기는 설비가동 일지와 설비이력관리대장을 분석하여 MTTF에 의하여 무엇을 산출하는가?

5. 아래표는 사출금형 제작에 사용되는 설비에 대한 소모품을 나타낸 것이다. 이미지를 보고 품명과 기능을 설명하라.

품명	이미지	기능

사출금형제작 설비관리

6. 아래 예비부품 기능적 분류를 설명하라
   - 구조부품 :
   - 소모마멸부품 :
   - 기능성 부품 :

학습 정리

단원명 1 설비 매뉴얼 습득하기

- 설비의 유지관리

  최근 제조업에서의 설비유지관리는 단순한 점검이 아닌 예방보전을 통한 설비고장률을 낮춰 생산성을 증대시키는데 그 목적이 있다. 이를 실천하기 위해서는 설비에 대한 정확한 구동원리, 사양 & 특징 등을 이해하는 것이 요구된다.

- 설비의 운전 및 가공

  가공에 사용되는 설비들은 대부분 고도의 운영능력을 필요로 하는 구동설비로 기본적인 구동에 관련된 사항을 명확히 숙지하고 있어야 하며, 이 외에 설비운영 특성에 따른 부속적인 주변기기인 측정기, 공구 및 소모품 등에 대한 정보도 인지하고 있어야 한다.

- 안전수칙

  설비운영에서 무엇보다 중요한 것은 안전수칙이다. 안전사고는 단순한 사고가 아닌 개인과 회사에 막대한 손실을 가져온다는 것을 인지하고 이를 방지하기 위해서는 각 공정 별 작업 전 안전사항을 반듯이 숙지 후 작업에 임해야 한다.

단원명 2 정밀도 유지보수하기

- 정밀도 검사

  금형가공에 사용되는 설비는 대부분 정밀한 정밀도를 유지해야 한다. 이를 유지하기 위해서는 설비 별 검사항목과 측정방법을 정확히 이해하고 이를 주기적으로 수행하여야 한다. 또한 설비 외 측정기에 대한 검·교정 또한 교정주기에 따라 인증된 기관에서 수행되어야 한다.

- 가공 표준

  공정의 안정화 및 최적화를 실행하기 위해서는 가공표준화가 필요하다. 가공표준화란 "가공과 관련된 작업에 합리적인 표준을 설정하는 것"으로 이에 대한 절차 및 지식을 습득하여 필요한 부분에 대하여 이를 적용하는 것이다. 표준화의 범위는 가공 공정표준화부터 공구표식까지 매우 다양하고 그 폭도 넓다. 이에 표준화는 단순한 지침이나 작업이 아닌 개인과 기업의 역량을 볼 수 있는 지표이기도 하다.

사출금형제작 설비관리

- 정밀도 수준파악

  정밀도를 유지하기 위해 정밀측정, 설비이상 판정 및 계측기 사용법 등에 대한 정확한 지식을 가지고 있어야 하며 특히 최종공정인 검사에서 사용되는 측정기의 범위와 방법을 알고 있어야 한다.

단원명 3 | 정밀도 유지보수하기

- 설비 점검

  각 단계별 설비점검 기준을 작성하고 점검활동을 수행한다. 점검활동은 예방, 일상, 정기 3가지로 구분되며 점검 메뉴얼과 체크리스트를 작성하여 기록관리를 바탕으로하며, 이를 바탕으로 고장의 원인과 유형을 분석하여 예방보전을 실행한다.

- 설비 유지보수

  설비 별 가공특성이 다르듯 점검특성도 모두 틀리다. 설비를 좋은 상태로 유지보수하기 위해서는 이러한 점검특성을 명확히 이해하고 이에 맞춰 정기적인 활동이 필요하다. 또한 최근 컴퓨터 제어 방식이 많이 사용되고 있어 단순한 기구적인 이해뿐만이 아닌 전기나 공압적인 부분의 이해도 요구된다.

- 기계의 윤활

  설비에서 윤활이란 단순히 접촉면을 매끄럽게 만드는 것이 아닌 설비성능과 수명과 직결되는 부분이다. 설비에 맞는 윤활을 실시하기 위해서는 종류, 성질, 사용절차 등을 명확히 이해하고 있어야 한다. 특히 최근 장비가 고속대형화 되는 추세에 윤활에 대한 중요도는 더욱 커져가고 있다.

단원명 4 | 설비 소모품 관리하기

- 소모품 교체

  설비소모품의 교체시기를 파악하고 교체방법을 습득하여 기계의 문제 발생되기 전에 교체를 할 수 있다.

- 소모품 관리

  설비가 정교하고 복잡해 짐에 따라 관리상에 점검해야 할 소모품도 늘어나고 있다. 소모품은 설비에 직접적인 영향을 미치지는 못하지만 큰 문제를 발생시킬 수 있는 요소이기도 하다. 교체시기를 정확히 파악 후 정기적으로 지정된 방법에 따라 교체하는 것이 중요하다. 필요 시 점검주기가 표기된 리스트를 작성하여 효율적인 관리를 진행할 수 있다.

종합 평가

평가문항 1 금형제품 중 평면가공을 해야 하는 부품이 있다. 공정을 진행하기 위하여 장비선정 (수동) 후 관련 가공공정 및 작업 중 안전수칙을 작성하시오.

(답)
1) 장비선정 : 밀링머신
2) 가공공정 :
(1) 바이스 설치 : 작업 전 소재를 고정하며 설치 시 진직도와 평행도를 체크(다이얼 인디게이터 사용)
(2) 공구설치(setting) : 가공형상 및 특성에 따라 적절한 공구를 설치
(3) 가공 : 소재에 따른 적절한 절삭조건을 지정 후 기준면가공을 시작으로 진행
3) 안전수칙
(1) 주축 회전수의 변환은 주축이 완전히 정지된 상태에서 실시한다.
(2) 절삭 중에는 공작물을 너무 접근하여 보지 않도록 주의한다.
(3) 정전이 되었을 때에는 전원 스위치를 꺼야 한다.
(4) 커터가 회전할 때에는 절대로 헝겊이나 솔로 절삭 칩을 제거하지 말아야 한다.
(5) 밀링 커터를 공작물에 댈 때에는 수동으로 천천히 접근 시킨다.
(6) 밀링 머신의 테이블 위에는 공작물이나 공구를 놓지 않는다.

평가문항 2 장비 부위 별 성능 검사 목적을 파악 후 장비 및 검사항목을 작성하시오.
(1) 가공에 일정한 이송량 또는 이송속도(작동 확실성)
(2) 테이블과 주축의 정밀도
(3) 원형가공물의 연삭 정밀도
(4) 가공중 가공유의 공급장치의 원활한 정화기능 확실성
(답)

NO	장비명	검사항목
(1)	선반	왕복대 및 가로이송대의 이송속도 변환조작
(2)	MCT	정적 정밀도 검사
(3)	원통연삭기	원통 연삭의 정밀도
(4)	형조 방전가공기	가공조 및 가공액 공급장치

사출금형제작 설비관리

평가문항 3 선반 설비점검 관련하여 점검표 작성하고 선반척 유지보수와 테이퍼 플레이트 조정 관련 유지보수 방법과 윤활유 급유부분과 방법을 서술하시오.

(답) **점검항목** P 127 (1)선반

선반척 유지보수 : 척 핸들을 조에서 분리 → U자 홀더 분리 → 부품교체 → 조립

테이퍼 플레이트 조정 : 에어플런의 더브테일 분해 → 쇄기형 막대 분리 후 청소 및 기름칠 → 고정나사를 조정

선반부위 별 급유부분 및 방법

주축대 : 커버를 열고 급유, 최대량 표시선까지 급유

에어프런 : 몸체의 오일 캡 적색선까지 급유

이송장치, 베어링 : 이송상자 윗부분의 오일 캡을 열고 급유기로 급유

변환기어, 이송장치 기어 : 기어, 베어링 부부네 직접 또는 급유기로 급유

심압대, 왕복대, 엔드브래킷 : 오일 캡에 급유

배드, 새들 : 마찰부분에 직접 또는 급유기로 급유

평가문항 4 드릴머신에서 구멍 가공을 하였는데 그림과 같은 결과가 나왔다. 원인과 대책을 세워라.

타원의 구멍

입구와 출구의 경사짐 (표면과의 직각도 불량)

(답) 드릴머신은 스핀들에 드릴을 설치하여 가공하는 전용기계이다. 여기에서 구멍가공시 사용되는 고정구가 있는데, 탁상용 바이스에 가공물을 고정 시 스핀들 축과의 직각도가 맞지 않거나 가공 중, 바이스의 고정불량, 드릴의 설치불량, 스핀들의 떨림등의 현상으로 나타날 수 있다. 이를 방지하기 위해서는

첫째, 기계자체의 점검

- 스핀들의 회전시 떨림 상태 점검

둘째, 설치의 상태 점검

- [공구] 드릴척에 드릴 고정상태 점검

  [공작물] 바이스에 고정상태 확인

셋째, 가공방법

- [바이스] 가공 시 떨림 방지

  [드릴] 드릴 날의 점검, 센터드릴을 이용한 가공구멍의 자리파기, 가공 시 드릴의 적정 절삭속도를 통한 드릴의 밀림 방지 및 절삭칩의 원활한 배출 유도

종합 평가

평가문항 5 밀링머신 및 머시닝센터에서 엔드밀을 이용하여 제품에 홈 가공을 하고자 한다. 이 때의 점검사항을 말해 보아라.[가공물 설치 위주로]

(답) 절삭가공에서는 어느 하나만 해당되는 것이 아니라 가공에 필요한 기계에서부터 가공방법 까지의 모든 조건 및 변수들이 가공에 영향을 미친다. 여기서는 기계, 공작물 고정하는 바이스, 그리고 공구적인 측면에서 확인하고자 한다.
 [기계의 점검] 스핀들과 테이블과의 직각도 상태 점검, 스핀들의 회전시 떨림 및 진원도 점검
 [바이스] 테이블의 이송방향과 조오의 평행도 점검, 조오의 표면상태(평면도와 진직도) 점검
 [공구] 엔드밀의 절삭날부 상태 확인, 엔드밀의 적정 돌출길이 점검

평가문항 6 선반 가공 중, 풋브레이크를 사용하여 주축을 멈추고자 한다. 브레이크 작동중엔 주축이 멈추는 듯 했으나 브레이크 패달에서 떼면 다시 주축은 멈추지 않고 회전을 하였다. 이때의 원인과 대책을 세워라.

풋브레이크

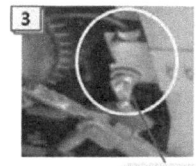
리미트스위치

(답) 1번 풋 브레이크를 밟으면 2번에 위치한 리미트 스위치에 접촉과 동시에 전원이 차단된다. 전원이 차단되면 모터에 동력에 전력공급이 차단되어 회전이 없게 된다. 이와 동시에 브레이크 패드가 모터의 축에 접촉하게되어 회전을 멈추게 한다. 위의 문세는 리미트 스위치의 작동 불량으로 전원이 차단되지 않기 때문에 접촉 불량이거나 스위치 자체의 불량으로 볼 수 있다. 접촉불량이면 리미트 스위치의 위치를 조절하여야 할 것이고 이의 대책으로도 계속적인 문제가 발생되면 리미트 스위치를 교체해야 한다.

평가문항 7 밀링머신을 운용하여 기계 가공 중, 자동이송버튼을 작동하여 테이블을 상측으로 이동하는 도중 작업자가 부상을 당하였다. 원인을 분석하고 대책을 세워라.

(답) 밀링머신은 테이블이 상하/좌우/전후로 이송하는데 자동이송 버튼을 이용하여 이송이 가능하게 되어 있다. 테이블이 자동 이송될 때에는 각종 레버들과 테이블 이송부의 중간에 설치되어 있는 스프링에 의해 이송 핸들이 연결 브라켓에서 빠지기 때문에 안전하게 되어 있다.

사출금형제작 설비관리

그림과 같이 리미트 스위치가 상하 레버스위치 안쪽에 설치가 되어 있기 때문에 레버를 이용하여 테이블을 상하로 이동 중일 때에는 리미트 스위치에 부착되어 있는 안전핀이 스위치를 누르기 때문에 자동이송 버튼 스위치의 전원이 차단된다. 사고의 원인을 보게 되면,

      1. 리미트 스위치 불량

      2. 안전핀의 마모로 인한 접촉 불량

      3. 상하이동 레버와 브라켓 사이의 스프링 불량

대책, 리미트 스위치 교체, 안전핀의 교체, 스프링 교체

평가문항 8 와이어 방전가공 도중에 제품이 분리되어 상부 가이드 및 하부가이드에 충격이 가해져서 기계가 알람과 동시에 동작이 멈췄다. 이 때의 경우 취해야 할 후속 조치와 방지책에 대하여 설명하라.

(답) 제품 가공도중 제품의 낙하나 돌출부분에 가이드가 부딪히게 되면 충격센서가 작동을 하게되어 기계에 알람과 동시에 기계가 멈춘다. 여기에서 기계가 멈춘다는 것은 기계에 물리적인 충격을 주게 되어 더 이상의 정상적인 가공이 어렵다는 것을 말한다.

후속조치   1) 알람을 해제

           2) 제품을 가이드에서 분리

           3) 상하부 가이드를 점검

               - 충격으로 인한 파손된 부분은 부품교체

               - 통전막대 및 노즐 상태 확인

           4) 기계 재부팅

               - 기계좌표 재설정 [XYZ 리미트 값 확인]

	5) 직각 표준편을 이용한 상하부 UV축 직각도 수정 [MDI 모드]
	- 좌표계 초기화
	6) 작업 공작물 세팅 후 재가공
방지책	1) 가공 이동경로에서 상부가이드 접촉예상 부분 Z값 위치 상향조정
	2) 제품 낙하로 인한 하부가이드 접촉예상 부분 낙하방지 장치 사용 [가이드 및 접착제 사용]
	3) 접촉예상 부분 M00를 활용한 일시정지 입력

평가문항 9 머시닝센터에서 부품가공을 하였다. 가공 결과물의 품질평가를 진행하였는데, 제품의 치수는 공차영역에 들어 있어서 합격을 하였지만, 표면상태가 불량이었다. 원인과 대책을 세워라.

(답) 제품의 불량은 기계 및 절삭공구의 상태와 절삭조건의 부적합의 원인으로 볼 수 있다. 표2-2-5와 표2-2-6을 참고로 하여 작성 해 본다.

(1) 기계
- **주축 스핀들의 이상으로 회전 중 떨림 발생의 원인**을 들을 수 있으며, 정기적인 검사가 실시되었으면 참고로 하고 미실시 경우엔 측정공구[테스트인디게이터]를 활용하여 검사를 진행한다.
- **공구의 체결상태**를 점검한다. 체결부위의 표면 마모나 변형으로 체결불량이 될 수 있으므로 점검을 실시한다.
- **진동**에 의한 가공중 떨림이 발생될 수 있으므로 이 역시 점검을 실시한다. 기계적인 점검과 절삭조건의 부적합으로 인한 떨림이 발생될 수 있다. 점검은 정기정검을 통하여 실시되었다면 절삭조건의 재설정을 통하여 진동의 발생을 최소화 한다.

(2) 절삭공구
- **공구의 마모 상태**가 심하게 되어 가공 중 마찰저항이 급격하게 높게 되어 제품의 표면 부위나 공구의 날 끝부분에 칩의 융착으로 인한 표면 가공 불량이 발생 될수 있으므로 공구의 교체를 검토한다.
- **재질별 절삭공구 올바른 선택**을 하였는지 제조업체에서 제공하는 매뉴얼을 참고로 검토한다.

(3) 절삭조건
- **절삭속도, 이송량, 절삭깊이의 부적절한 조건 설정**으로 인한 소재로부터 배출하는 칩에 의해 표면에 미세한 접촉으로 거칠기가 나빠질수 있으며 구성인선 발생을 최소화 한다. 이는 절삭조건을 재설정을 해야만 한다. 절삭속도를 높이고 이송량은 느리게 그리고 절입량은 효율적인 가공을 위한 최소 절삭깊이를 적용한다.

사출금형제작 설비관리

평가문항 10 선반가공시 세로이송대의 마이크로칼라의 눈금을 참고하여 절삭깊이를 0.1mm 이송하여 가공하려 하였으나 가공이 되지 않았다. 원인과 대책을 세워라.

(답) 세로이송대의 유격(흔들림)이 필요이상으로 넓게되어 백래시 조정작업을 실시하여야 한다.

참고자료 및 사이트

1. 국가직무능력표준 "설계관련 정보 수집 및 분석"
2. 구자길(2010). "국가직무능력표준", 한국산업인력공단
3. 한국산업인력공단(2005), 직무능력표준 개발 매뉴얼 연구자료
4. 사이트 : 국가직무능력표준(www.ncs.go.kr)
5. 교육부(2013) 산업안전보건교육 매뉴얼 [기계·금속 분야]
6. 개성테크노로지스(주) 마그네틱 척
7. 한국산업인력공단(2012) 기계가공직무능력표준 모듈교재 [NC/CNC 장비 조작]
8. 한국산업인력공단(2012) 기계가공직무능력표준 모듈교재 [연삭(원통)]
9. 기계정비산업기사 (주)시대고시기획 박창학외
10. 한국산업인력공단(2013) 기계가공분야 모듈교재 [생산설비 점검 및 유지·보수]
11. 한국산업인력공단(2013) 기계가공분야 모듈교재 [표준화 작업]
12. 한국산업인력공단(2013) 기계가공분야 모듈교재 [방전(장비 유지관리)]
13. 한국산업인력공단(2012) 기계가공직무능력표준 모듈교재 [선반(장비 유지관리)]
14. 한국산업인력공단(2012) 기계가공직무능력표준 모듈교재 [와이어 컷 방전(장비 유지관리)]
15. 용수공업사 드릴링 머신 취급설명서
16. 한국산업인력공단 사출금형 제작분야 모듈교재 [설비관리]
17. 한국산업인력공단 사출금형 제작분야 모듈교재 [가공표준관리]
18. 국가기술표준원 [한국산업표준(KS)]
19. 한국산업인력공단, 2013. 기계가공분야 모듈교재 [안전대책 수립]
20. 한국직업능력개발원, 산업안전보건 매뉴얼 [기계.금속]
21. 예비부품관리 http://gsl.incheon.ac.kr/elearning/Spare_Part/index.html

■ 집필위원
　강신길

■ 검토위원
　양석동
　송종원

사출금형제작
사출금형제작 설비관리

초판 인쇄 2016년 06월 10일
초판 발행 2016년 06월 17일
저자 고용노동부, 한국산업인력공단
발행인 김갑용
발행처 진한엠앤비
주소 서울시 서대문구 독립문로 14길 66 205호
　　　(냉천동 260, 동부센트레빌아파트상가동)
전화 02) 364 - 8491(대) / 팩스 02) 319 - 3537
홈페이지주소 http://www.jinhanbook.co.kr
등록번호 제25100-2016-000019호 (등록일자 : 1993년 05월 25일)
ⓒ2016 jinhan M&B INC, Printed in Korea

ISBN 979-11-7009-734-1 (93550)　　　[정가 18,000원]

☞ 이 책에 담긴 내용의 무단 전재 및 복제 행위를 금합니다.
☞ 잘못 만들어진 책자는 구입처에서 교환해드립니다.
☞ 본 도서는 [공공데이터 제공 및 이용 활성화에 관한 법률]을 근거로
　 출판되었습니다.